情绪
自控力

马骊 ◎ 著

中华工商联合出版社

图书在版编目（CIP）数据

情绪自控力 / 马骊著 . — 北京：中华工商联合出版社，2022.3
ISBN 978-7-5158-3353-8

Ⅰ . ①情… Ⅱ . ①马… Ⅲ . ①情绪－自我控制 Ⅳ . ① B842.6

中国版本图书馆 CIP 数据核字（2022）第 044421 号

情绪自控力

作　　者：	马　骊
出 品 人：	李　梁
责任编辑：	胡小英　楼燕青
装帧设计：	尚世视觉
责任审读：	李　征
责任印制：	迈致红
出版发行：	中华工商联合出版社有限责任公司
印　　刷：	香河县宏润印刷有限公司
版　　次：	2022 年 5 月第 1 版
印　　次：	2022 年 5 月第 1 次印刷
开　　本：	880mm×1230mm　1/32
字　　数：	160 千字
印　　张：	6
书　　号：	ISBN 978-7-5158-3353-8
定　　价：	58.00 元

服务热线：010—58301130—0（前台）
销售热线：010—58302977（网店部）
　　　　　010—58302166（门店部）
　　　　　010—58302837（馆配部、新媒体部）
　　　　　010—58302813（团购部）
地址邮编：北京市西城区西环广场 A 座
　　　　　19—20 层，100044
http：//www.chgslcbs.cn
投稿热线：010 — 58302907（总编室）
投稿邮箱：1621239583@qq.com

工商联版图书
版权所有　侵权必究

凡本社图书出现印装质量题，请与印务部联系。
联系电话：010—583029

前言

在当前极具压力的社会环境下，负面情绪已经像感冒一样频繁影响着我们的生活：有的人在为房贷、车贷愁容满面，有的人在为不确定的未来焦虑不已，有的人在为克服不了的"社恐"坐立不安，还有的人在为跌入生活低谷而沮丧抱怨……

在日常的工作、生活中我们总会产生各种各样的坏情绪。这些坏情绪会支配着你变成另一个自己，陌生又熟悉。严重的话，还会把你的生活搞得一团糟。那么，我们应该如何在生活中控制自己的负面情绪呢？首先我们要做的就是认识情绪、接纳情绪、识别情绪，然后用各种心理学的知识和方法，学会控制情绪，而不是听之任之，被情绪支配。

前人之足迹，后人之路标。情绪稳定，是一个成年人最顶级的修养。要做到这一点，我们就需要全面系统地了解一下有关情绪的知识：

情绪到底是什么？

人为什么会产生情绪？

我们应该怎么精准地识别情绪？

当负面情绪来袭时，行之有效的办法是什么？

怎样挖掘我们的积极情绪？

管理负面情绪，有哪些科学的方法？

本书以情绪理论为基础，以情绪控制为架构，详细地阐述了情绪的概念、来源、特性，以及识别情绪的方法。为了让大家更好地控制负面情绪，本书详细地介绍了多个科学的心理疗法，并且每个小节都辅以生活中的案例。

在阅读利用心理学解读情绪的相关资料时，难免会遇到一些晦涩难懂的专业术语，这可能会对大家造成一定的阅读障碍，甚至会严重降低阅读兴趣。为了缓解这种情况，本书采用通俗易懂、简洁凝练的语言为大家解读专业的心理学知识，即使你是一个心理学小白读起来也不会有丝毫的障碍。

如果您认真研读，仔细揣摩，一定能解锁很多关于情绪的专业知识：比如，情绪的生理机制，了解了这些，你就会明白情绪对于身体脏器有着怎样的影响；情绪心理学知识，懂得了这些，你就能以全新的认知来调节自己愤怒、沮丧、悲观等负面情绪；一些专业的情绪化解疗法，ACT疗法、情绪色彩疗法、转移注意力疗法、暴露疗法等，掌握了这些，你就能更加轻松地驾驭情绪，做自己情绪的主人。

总之，这是一本内容全面、实用性强的情绪调节指导类书籍。不仅可以帮助你高效提升消化负面情绪的能力，降低消极情绪的破坏力，也可以帮助你最大限度地发挥积极情绪的作用，从而让你的人生道路变得更舒畅。

目录

第一章 关于情绪的那些事儿 / 1

情绪究竟是什么 / 2

浅析情绪的三个来源 / 7

情绪与感受的区别及联系 / 12

解密情绪体验的性别差异 / 16

论情绪与生理的关系 / 20

关于情绪的"两个效应" / 25

情绪是一种信号,无关好坏 / 30

第二章 识别情绪,管理情绪 / 35

正确识别情绪 / 36

识别情绪,你需要避开三个大坑 / 41

利用微表情识别真实情绪 / 47

肢体动作是情绪的晴雨表 / 55

语言会折射出你的喜怒哀乐 / 62

提升情绪颗粒度,细化你的情绪等级 / 66

第三章 与负面情绪握手言和 / 71

焦虑:放平心态,驱离焦灼感 / 72

愤怒：用宽容给你的情绪降降温 / 77

嫉妒：减少横向比较，远离"红眼病" / 84

紧张：敢于"丢脸"，是你人生的必修课 / 90

孤独：坦然接纳，品味寂寞 / 96

恐惧：未知的惧怕，用已知化解 / 101

尴尬：自嘲和幽默是破冰的"良药" / 107

第四章 挖掘积极情绪的"宝藏" /111

积极情绪助你成功 / 112

不可忽视的六大人类基本需求 / 116

建立自我认同，挖掘积极情绪 / 121

心怀感恩，播种生活的"阳光" / 126

格局大一点，快乐多一点 / 131

学会换位思考，让你的心情多云转晴 / 137

多一分简单，就多一分快乐 / 141

抛弃"受害者思维"，方能破局重生 / 146

第五章 做情绪的掌舵人 / 151

关键三步，阻止你的恶劣情绪蔓延 / 152

ACT 疗法，助你轻松打赢这场心理战"疫" / 156

情绪色彩疗法：给你阴霾的心情涂上一抹亮色 / 160

用艺术浸泡法摆脱自己糟糕的情绪 / 165

转移注意力法：提高情绪调节能力的大秘籍 / 170

六种情绪宣泄法，为你的心灵排一排毒 / 176

暴露疗法，让你对恐惧脱敏 / 181

后记 / 185

第一章
关于情绪的那些事儿

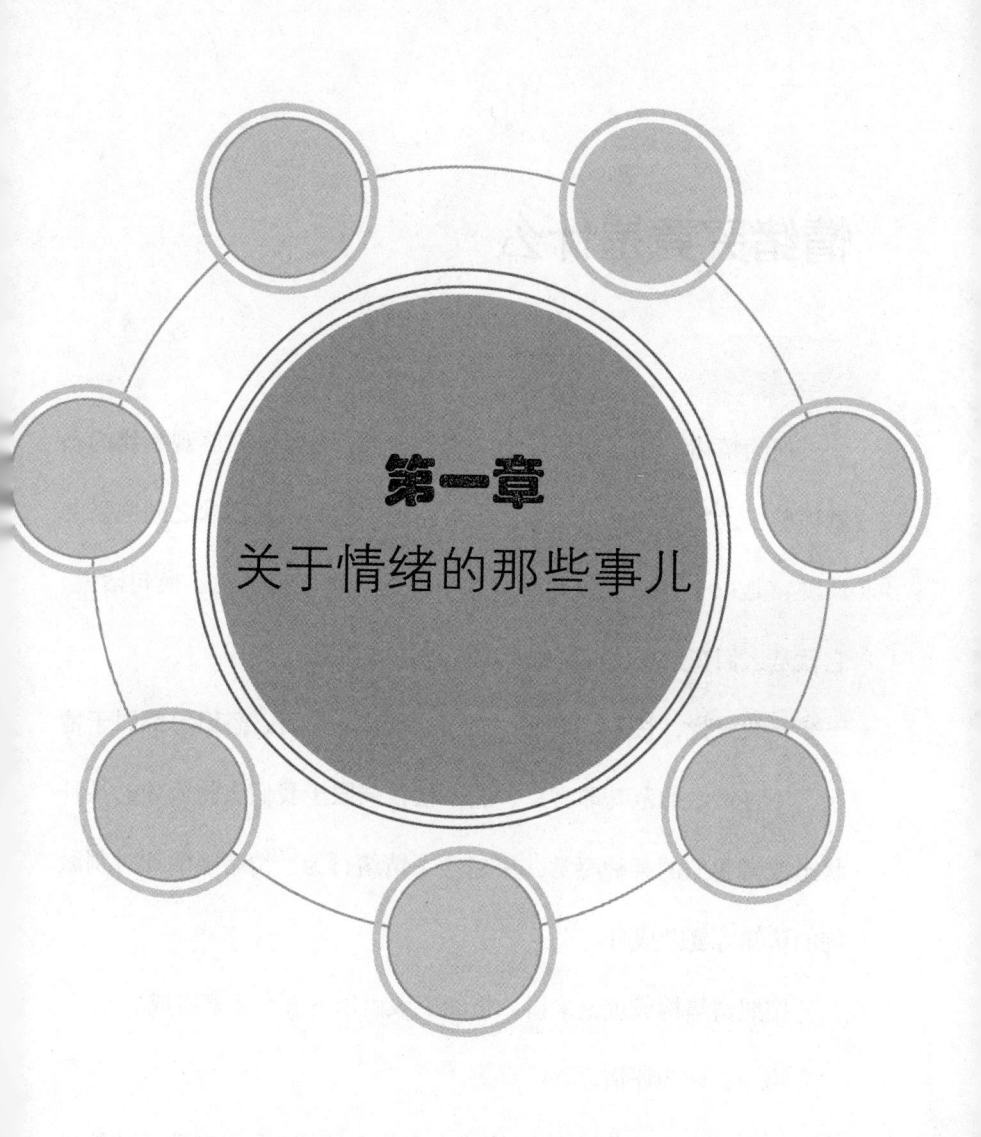

情绪究竟是什么

何为情绪？其实它是一个心理学名词，是指人对客观事物的态度体验以及相应的行为反应，是对客观事物和主体需求之间关系的反映，是以个体的愿望和需要为中介的一种心理活动。换句话说，它就是人们在生理反应基础上的一种主观体验。

一般来说，快乐、愤怒、哀伤、厌恶、惊讶、恐惧等都属于情绪，不过情绪的范畴非常广，它不仅仅局限于我们头脑所处的某种状态或者我们的某种感觉，更包含了情绪行为、情绪唤醒和对刺激物的认知等复杂成分。

按照情绪构成理论来讲，情绪一般由以下五个要素组成。

第一，认知评估。

即注意到外界发生的事件（或人物），认知系统自动评估这件事的感情色彩，因而触发接下来的情绪反应。比如，一个人意外碰到一个体型庞大且面目狰狞的怪兽,他的认知系统就会主动把这个事件评估为对自身有威胁的负面事件。

第二,身体反应。

即情绪的生理构成。身体自动反应,使主体适应这一突发状况。比如,一个站在演讲台上的表演者,很容易出现植物神经功能紊乱的症状。具体来说,就是脸红、心慌、手抖、呼吸急速、胸闷、出汗,颈部和后背的肌肉僵硬等,更有甚者可能出现濒死感。

第三,感受。

即人们体验到的主观感情。比如,当一个人看到最亲近的人因为意外而离开这个世界时,其体内产生的一系列反应,这些反应可以统称为悲痛。

第四,表达。

即通过面部和声音变化表现出一个人的情绪,这是为了向周围的人传达情绪主体对一件事的看法和他的行动意向。比如,当一个人看到自己心心念念的偶像时会不由自主地激动、兴奋、尖叫,甚至会掩面而泣,表现出一种亢奋的情绪。

第五,行动的倾向。

即情绪会产生动机。比如,在我们遭受不公平待遇,内心委屈难过的时候,总是希望身边有个人能静静地坐下来听一听自己的倾

诉，或者当我们取得某项成就，兴奋激动的时候特别想把这个好消息分享给最亲近的人等。

从上述的诸多构成因素来看，情绪确实是一个比较复杂的东西。它是由内部或者外部事件引发的，随后大脑和中枢神经系统会接收到这一系列信息，人由此被唤醒，从而相应做出诸多生理和心理的反应。

为了帮助大家更好地、更系统地了解情绪，下面我们以小明同学考试为例加以说明：

考试时间快结束了，老师提醒大家做好交试卷的准备，而小明同学的作文只写了一半。此时，小明的大脑接收到的信号是：考试快结束了，试卷马上要被老师收走了；教室里传来一阵阵翻动试卷的声音，大家正在紧张地做最后的检查。

认知评估：作文已经来不及写完了，这会严重影响到自己期末考试的成绩，甚至会受到老师和父母的训斥。

身体反应：握笔的手开始不由自主地颤抖，心跳加快，头冒虚汗，思绪混乱等。

感受：内心紧张，惶恐不安。

表达：面色涨红，满脸愁容，唉声叹气。

行动倾向：渴望老师能够多给自己留一些时间，以便写完作文。

从小明同学的上述表现我们可以看出，情绪是一个复杂、多元的综合体。一个人的情绪自产生的那一刻开始，这五种元素便在短时间内相互交织，同步进行。

当然，我们在了解了情绪特征的复杂性之后，还需要进一步认识到情绪作用的双面性。《养性延命录》里有一句话："喜怒无常，过之为害。"也就是说，情绪犹如一把双刃剑，它对人的健康起着至关重要的作用。作为一个成年人，如果我们不能理智地控制情绪，那么很有可能会被情绪带来的后续反应所烦恼。

比如，在某个雷雨交加的夜晚，你独自一个人在家。听着外面电闪雷鸣，恐惧的情绪一阵阵地向你袭来。这时，如果你不能及时调整自己的心态或者转移注意力，那么紧张恐惧的情绪就会进一步加强，你会由电闪雷鸣进一步联想到电视剧中的某个恐怖片段，再由这个恐怖片段联想到妖魔鬼怪、灵异事件等。这样你就会越想越怕，并持续地被这种恐惧情绪带来的后续反应所困扰。

基于"情绪有延续自身的倾向"，我们每个人都需要尽早掌握调整和控制情绪的能力，及时地采取措施，将自己从一段不好的情绪中解放出来，这样才不会被负面情绪所奴役，从而影响到自己正常的学习和生活。

马骊给你划重点：

1. 情绪是一个多成分的复合心理现象，它是由认知评估、身体反应、感受、表达、行动的倾向五个部分组成的。

2. 情绪具有复杂性和双面性，每个人都应具备调整和控制情绪的能力，以免持续地被负面情绪带来的后续反应所困扰，从而沦为情绪的奴隶。

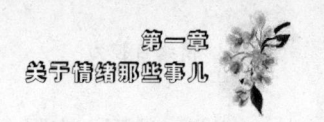

浅析情绪的三个来源

每个人都有七情六欲，都会经历人生的悲欢离合，品味生活的酸甜苦辣。当我们在感知生命中的这些愤怒、悲伤、欢喜、惊讶等情绪时，脑子里不禁会出现这样一个疑问：我们的情绪到底是怎么产生的？它的来源究竟是什么呢？一般来说，常见的来源有以下三种：

第一，情绪来源于对生理反应的意识。

早期美国的心理学之父詹姆斯认为：情绪就是对身体变化的知觉。即生理反应在前，情绪状态在后，情绪来源于对生理反应的意识。

对此观念，詹姆斯进一步解释道："情绪是伴随着对刺激物的知觉直接产生的身体变化，以及我们对这种身体变化的感觉。通常认为我们因失败而悲伤，而后痛哭；因遇到熊而害怕、战栗，而后逃跑。然而，实际上的顺序恰恰相反，应该是因为痛哭而悲伤，因为逃跑而害怕。"

与詹姆斯观点一脉相承的是丹麦的心理学家兰格的情绪学说，兰格也认为情绪是内脏活动的结果，即情绪刺激引起身体的生理变化，而生理变化又会带来一系列的情绪体验。

第二，情绪的体验是丘脑信息平行的效应。

这一观点是美国生理心理学家沃尔特·坎农提出来的。坎农认为内脏相对来说不是特别敏感的器官，实验的数据也表明内脏的变化通常发生在刺激之后的一两秒内，这样的速度远远不及情绪反应的速度，因此仅仅依靠反馈性很差的内部器官无法区分人类的多种情绪，故而内脏不能成为情绪体验的一种来源。

在沃尔特·坎农看来，情绪的中心在中枢神经系统的丘脑，而丘脑唤醒是大脑解除丘脑抑制的机制，情绪的体验及其生理症状是丘脑信息平行的效果。

为了论证观念的正确性，他曾经将实验的小动物切去大脑皮层，只保留丘脑，结果这只动物依旧有愤怒的情绪，当把丘脑剔除，这个情绪也随之消失了。另外，小动物单侧的丘脑受到损伤，单侧的情绪表现也发生了变化。

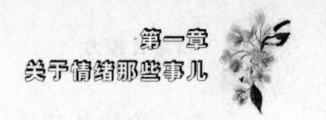

第三，情绪反应产生于人们对事物的评价。

这种观点最早被古希腊著名哲学家亚里士多德提出，他认为人的情绪与我们对世界的看法以及我们与周围人的关系息息相关。之后，斯坦尼·沙赫特在亚里士多德观念的基础上又进行多次实验，进一步提出了新的见解。

沙赫特认为：任何一种情绪的产生，都是由外界环境刺激、机体的生理变化和对外界刺激的认识过程三者相互作用的结果，而认知过程又起着决定性作用。支撑沙赫特这一情绪认知理论的就是下面要讲述的这个实验：

这个实验是沙赫特和辛格（Singer J.）在1962年共同设计的，实验请来三组大学生，每组大学生都被注射了肾上腺素，被试者并不知道实情，只知道自己被注射了维生素。

事后，实验人员告诉一组被试者注射完激素之后会有哪些正常的反应，告诉另外一组被试者注射完之后会有头痛、手麻、脚麻等症状，最后一组被试者则什么也不知道。之后，三组被试者分别进入愉欣快和愤怒两种不同的情景之中。

最后，实验人员发现正确告知的那组被试者的情绪并没有受生理变化的影响，他们既没有产生愉快的情绪，也没有产生愤怒的情绪。而误告的那组和未告的那组则有很大的情绪波动，他们到了愉快的环境中变得非常高兴,到了愤怒的环境中则表现得非常生气。

从这个实验中,沙赫特得到这样一个结论:被试者所产生的情绪体验与其对生理变化的认识有莫大的关系。他们对生理变化的认识不同,所产生的情绪体验也大不相同。换句话说,情绪既与生理反应有关,又与人们对导致这些反应情景的认知评价有关。

对于以上三种情绪理论,有人曾经举过一个形象生动的例子:

当你看到一只强壮凶猛的野熊时,你的反应是什么样的呢?

用詹姆斯和格兰的理论来说:立即逃跑,然后感到害怕;

用沃尔特·坎农的理论来说:感到害怕,同时逃跑;

用沙赫特的理论来说:认为熊对自己有威胁,所以感到害怕,想要逃跑。

从上面三句简短的话当中,我们可以看到这三种情绪来源论之间还是存在着较大的差异。至于哪一种才是正确的,科学界还没有统一的定论,未来还需要我们做更为科学深入的研究。

马骊给你划重点：

1. 我们想要解决情绪问题，首先需要了解情绪的由来。只有了解了情绪的由来，才能更好地识别情绪和管理情绪。

2. 关于情绪的来源，不同的心理学家有不同的解读，一般来说，常见的说法有以下三种：情绪来源于对生理反应的意识；情绪的体验是丘脑信息平行的效应；情绪反应产生于人们对事物的评价。

情绪与感受的区别及联系

在日常的沟通中，很多人都分辨不清楚自己是在表达情绪还是在表达感受。什么是情绪？什么是感受？它们之间到底有什么样的区别和联系呢？

前面我们也讲了关于情绪的概念，它是指生理和心理唤起的对体验的反应，也是对体验感的内部评价体。它反映了人脑对客观事物与主体需要之间的关系，是一种比较高级复杂的心理活动。按照构成理论来讲，情绪是由五个要素（认知评估、身体反应、感受、表达、行动的倾向）组合而成的。

而感受是指我们平时身体呈现出来的一个状态，比如愉悦、轻松、紧张、害怕、沉重等。下面，我们通过一个事例来对这两个词进行区分：

一位母亲刚刚把家里的地板打扫得一尘不染，突然，调皮的儿

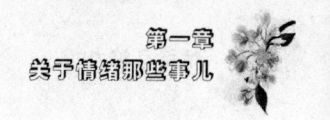

子不小心把一桶油推倒了。顷刻间，油流了一地。

这时候，母亲的感受是愤怒的、焦急的、沉重的。而她的情绪则是比较复杂的。

首先，她的认知评估是这样的：这一大滩油把干净的地板彻底弄脏了，我要把地板重新清理干净会非常费力，另外，好好的一桶油被白白浪费掉了，真的很可惜。

其次，她的身体反应是这样的：心跳加速，气得捶胸顿足。她的内心感受是这样的：异常愤怒，着急，同时无能无力。她的表达是这样的：脸色煞白，甚至会大骂犯了错的孩子。

最后，她的行动倾向是这样的：想拿起手边的东西教训孩子，或者想找合适的措辞训斥孩子一顿，以防他以后犯类似的错误。

从上面的描述中，我们可以看到："感受"只是"情绪"的一个组成部分，它远远没有"情绪"的范畴宽广。网上有这样一段话，形象地描述了"情绪"和"感受"的意思：感受就像是一个信号灯，比如红灯是我们讨厌的，绿灯是我们喜欢的，黄灯则是比较中性的，我们对它没有明显的情感色彩。这个信号灯能够让我们知道自己喜欢什么，不喜欢什么，是我们认识自己的一个通道。

而情绪，则是我们对于感受的反应。这个反应则囊括了多个方面，在此我们就不一一赘述了。

因为"情绪"和"感受"是两个不同的概念，所以其展现方式也有所不同：

比如，当我们遇到令人愤怒的生活场景时，我们展示出来的是对抗、战斗的状态，别人看到我们的状态，大概就能明白我们的情绪是怎么样的，但是感受的话，并不一定能真实地展露给外人。比如，为了不让别人说自己小气，或者为了营造自己大度、洒脱的人设，我们会刻意把愤怒的感受隐藏起来。

另外，情绪是强烈且短暂的，它体现的是我们对事物最初的态度，而感受是不强烈，但持续的，它建立的是你对现实世界长期稳定的态度。

以上就是关于"情绪"和"感受"的区别和联系，了解了这些可以有效地帮助我们更好地识别身体感觉、内心感受，以及行为趋向，当然也有利于提升和改善我们的人际关系。

马骊给你划重点：

1. "情绪"和"感受"是两个不同的概念，"感受"只是"情绪"的一个组成部分，它远远没有"情绪"的范畴宽广，另外二者的展现方式也各有不同。

2. 正确区分"情绪"与"感觉"对于我们每个人的成长都至关重要，如果我们不能区分二者之间的差别，那么就无法更好地识别自身的身体感觉、内心感受，以及行为趋向，也更加无法准确地认识自我。

解密情绪体验的性别差异

在日常的婚姻生活中,我们经常可以看到这样的一种情景:夫妻两个人因为一些琐碎的事发生争执,女人气得吃不下睡不着,但是男人看起来却很淡定,该吃吃,该喝喝,躺下一会儿就鼾声四起,好像什么事都没有发生过一样。为什么会出现这样的情况呢?那是因为男女在情绪体验上的区别。

心理学家曾经做过这样一个有趣的实验:实验请来了很多的男男女女一起进行核磁共振,在核磁共振的过程中,让他们回忆一些伤感的经历。实验结果显示:在核磁共振的图像上,女性脑区的亮点要远远大于男性脑区的亮点。这个结果就表明:在处理情绪时,女性是全脑工作,而男性并非如此。不同的情绪处理方式,导致男女之间的情绪体验千差万别。

第一,女性比男性的情绪体验更加深刻和频繁。

就像上面提到的那样,男女吵架之后,男性会很快冷静下来,而女性还在气头上,不断地对着男人唠叨纠缠,也就是说女性的情绪体验程度比男性更为强烈。对此,很多男人并不能理解,他们总觉得女人爱无理取闹、胡搅蛮缠。其实从科学的角度来说,这是由双方的激素水平不同所导致的。

女性的雌激素会不断地升高下降,起起伏伏,这样过山车般的波动势必会影响控制情绪的大脑。所以,从心理角度上来说,女性比男性更加频繁地体验到情绪,并且体验程度也更为强烈。

第二,女性表现出来的情绪多为欢乐和悲伤,而男性表现出来的情绪多为愤怒。

在心理学研究上有过这样一个实验:实验者召集了2000多名受试者,这些人来自五个不同的国家,他们被要求站在摄像头面前观看日用品广告。实验人员则根据面部表情编码系统来评估受试的男性和女性的表情差异。

经过一系列的数据分析发现:受试的女性比男性更加容易表现自己的情绪,她们喜欢表露自己愉悦和悲伤的情绪,且这些情绪持续的时间较长。但是,与女性受试者不同的是,男性受试者更容易表露自己愤怒的情绪。

研究还表明:男性和女性在情绪体验的内容上也大不相同,

其反应也大相径庭。比如，男性出现愤怒的情绪大都是因为原则性的问题，而女性出现愤怒的情绪则是出于道德层面的原因。那么，为什么男性和女性的情绪体验有如此大的差别呢？除了我们上面提到的与男女身体构造有关之外，还与男女的社会分工有一定的关系。社会分工的不同，使得人们对不同性别的情绪表现有不同的期待。

无论是原始社会，还是封建社会，抑或是现代社会，"男主外，女主内"历来是人类社会普遍存在的一种分工模式。所以，人们对于男人的期许是坚强、隐忍、稳重，在这些期待模式下成长起来的男性必然不会轻易表露自己的脆弱，更不会情绪敏感，动不动就以哭闹来表达自己的情绪。

而作为女性，因为生理结构的原因，需要承担生儿育女的天然使命。从十月怀胎到哺乳养育，从案头的灰尘到水槽的锅碗，这些都需要女人用自己温柔的爱意和细腻的心思一一完成。所以，人们对女性的定义，大多是温柔的、细腻的、柔弱的。而女性也在激素分泌的影响下，在社会特定的期待下变得内心敏感、情绪波动较大。

了解男女在情绪体验方面的差别之后，我们在人际交往的过程中就应该充分考虑对方的角色设定和内心感受，把握说话的分寸，

以免触发对方的消极情绪。

马骊给你划重点：

1. 由于男女的身体结构不同，社会分工不同，所以导致男女处理情绪的方式也各不相同，其情绪体验也千差万别。

2. 了解男女在情绪体验方面的差别，可以帮助我们更好地把握说话的分寸，从而构建更为和谐的人际关系。

论情绪与生理的关系

在我们生病就医的时候,医生总会在开药之后叮嘱几句话:"多喝水,多休息""保持心情愉悦"。

为什么会有这样的医嘱呢?这是因为情绪与人的生理息息相关,过度消极的情绪会伤害我们的生理健康,所以医生才再三叮嘱病人要保持愉悦的情绪,切勿忧思焦虑,从而加重病情。

既然情绪与生理健康有着密不可分的关系,那么接下来我们就重点来分析一下它们之间的关联。

第一,情绪与大脑。

当情绪被激活后,大脑也不是盲目工作的,每个脑区负责处理什么样的情绪都是有定数的。大脑前额皮层的左侧与趋近系统负责人的积极情绪,大脑前额皮层的右侧与退缩系统负责人的消极情绪。颞叶和顶叶之间的脑岛皮层负责人类的厌恶情绪，当一个人脑岛皮层很发达时，他的情绪体验就比别人更加敏感。

大脑的杏核仁负责人类的恐惧情绪，当这个部位损坏时，人类是感受不到害怕的。这也就是说，一个因为身患疾病或者其他意外情况导致杏仁核受损的人假如在面对劫匪或者阴森恐惧的环境时，他是不会感到恐惧的，这样的特殊情况虽然可以让自己免受恐惧情绪的折磨，但同时也让自己失去了躲避和防卫的自保能力。

第二，情绪与肝脏。

《心转病移》的作者包丰源在一个养生栏目里曾经介绍过两个典型的病例：

一个中年男人一心想着升迁做领导，结果被人告了贪污状，因此升官的计划泡汤了。为此，他耿耿于怀，内心充满了仇恨，他恨自己遭受到了不公正的对待，也恨过去的领导。恨着恨着，他的血压就升高了。时间一长，发现得了严重的肝病。

一个年轻人被别人借走一笔钱炒股，几个月后，借款人迟迟没有归还的意思。面对这种言而无信的举动，年轻人内心充满了愤怒，甚至恨不得杀了对方泄愤。半年后，年轻人就被诊断出患了严重的肝病。

这两个活生生的案例都在警示我们负面情绪是肝脏疾病的元

凶。如果遇事不懂得自我宣泄，那么时间长了一定会酿成大祸。

第三，情绪与心脏。

当我们在生气的时候，即使不运动，也会明显感觉到心跳加快。

2020年8月，河南都市频道有一则新闻：一对夫妻发生了激烈的争吵，随后身体一向健康的妻子突发胸痛，并出现恶心、呕吐、全身不适的症状，一度有濒死感。后来，经过医生的各项检查发现，妻子的三支主要血管病变得非常严重且右冠中段几乎闭塞，正是因为血管病变导致其发生了心肌梗死。

看完这个案例，不禁要感慨一句：吵架有风险，生气需谨慎。要知道，情绪与我们的心脏息息相关，切莫因为一时的情绪冲动，损伤了我们赖以生存的器官。

第四，情绪与内分泌系统。

一般来说，内分泌失调是引起情绪不稳的主要原因。尤其是对于一些更年期的女性来说，内分泌的失调不仅仅意味着激素分泌的异常，更意味着皮肤差、睡眠浅、腰酸背痛、脾气大、心悸以及身体肥胖等。

第五，情绪与呼吸。

呼吸的频率和情绪息息相关，当人的情绪发生改变时，呼吸的频率也会发生改变。根据科学实验表明：在正常情况下，吸气和呼气的时间比例约为1:4。但是当人们释放情绪时，这个比例就变成了1:2，也就是说呼吸的频率变得急促起来。当出现紧张害怕的情绪时，人们常常忘了呼吸或者暂时停住呼吸。当情绪释放时，人们的呼吸会变得又长又深。

第六，情绪与肌肉。

身体的肌肉，既可以由我们的意识控制，也可以由我们的情绪控制。随着情绪的波动，人身体各个部位的肌肉也会发生一系列的变化。比如，当我们遇到一些难以处理的情绪时，胃部肌肉会紧张。当我们没有安全感，对某件事情有很深的无力感时，腹背部的肌肉会加倍紧张。

情绪除了与大脑、肝脏、心脏等有关之外，还与心血管、甲状腺、新陈代谢、肾上腺等有一定的联系。这里由于篇幅有限就不一一赘述了。

总之，情绪与身体的各个部位息息相关。如果我们在负面情绪发生的时候，不能及时地将它释放出来，那么久积的情绪会以生病的形式储存在身体的各个部位，从而对身心造成严重的伤害。为了避免这种危害，大家在平时一定不要压制自己的负面情绪。

马骊给你划重点：

1. 情绪与人的生理息息相关，它不仅会让人的各种生理机能产生变化，而且还会影响人的整个神经系统、内分泌系统、机体器官组织等。

2. 人的情绪状态在很大程度上影响着我们的生理健康，如果我们不能及时地释放负面情绪，那么它会以生病的形式储存在我们身体的各个部位，从而对我们的身心造成严重的伤害。

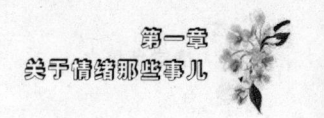

关于情绪的"两个效应"

在社会生活中,我们常常可以看到一些关于情绪的现象和规律,如果我们能认识、了解和掌握它们,那么在今后的为人处世中一定会多一份洞察人心的智慧,少一份人际交往的困惑和迷茫。下面,我们从心理学的两个效应来进一步了解情绪的特质和规律。

第一,钟摆效应。

生而为人,我们自己的情绪,总是因为各种各样的事情起起伏伏:今天还为辅导孩子写作业而气得七窍生烟,明天就为他递过来的一杯热水感动得热泪盈眶;今天还为考取驾照高兴得手舞足蹈,明天就因为上路的一次事故愁得眉头打结;今天还为公司意外的升职加薪幸福得头晕目眩,明天就为熬夜加班生气得吐血……

人们的情绪总是像摆钟一样,在外界客观条件的刺激下,一会儿荡到正面情绪里面,一会儿又荡到负面情绪里面。而正面情绪和负面情绪之间高低摆荡的现象，可称之为情绪的"钟摆效应"，又名"心理摆效应"。另外，在特定背景的心理活动过程中，感情的等级越高，其"心理斜坡"越大，当然也更容易向对立的情绪状态转化。

张艳是全职妈妈，平时的工作主要是负责打理一儿一女的生活起居，以及家里的大小事务。丈夫早出晚归，辛苦挣钱，负责家里的生活开销。有的时候，和善贴心的丈夫如果下班早的话，还会主动分担一些家务。当然了，丈夫的体贴不仅仅体现在行动上，而且也体现在精神上。风趣幽默的他总能想出各种俏皮话宽慰和取悦妻子。夫妻俩分工合作，琴瑟和鸣，把日子过得井井有条。

这样幸福温馨的日子有一天却在丈夫的沉默中被打破了。那天丈夫回到家，兀自走进书房，很久也没有出来。期间，孩子闹着要找爸爸，他也没有搭理。出来吃饭的时候，他的脸上勉强挤出了一丝笑意。张艳看在眼里，急在心里。她关切地问丈夫到底发生了什么事情，但丈夫只是不耐烦地用一句"没啥事"打发了她。

得不到答案的她，心里开始胡思乱想：他是不是嫌弃我在家不打扮，变成黄脸婆了？他是不是已经不爱我了，觉得和我一起过日子没意思，所以才有意疏远我？……

越想越崩溃的她终于抑制不住内心的悲伤，哇哇大哭起来，丈夫听到她的哭声大吃一惊，赶忙过来询问。随后，了解完实情的丈夫哭笑不得地对张艳说："孩儿他妈，我只是在单位碰到一个难搞的客户，所以情绪才比较低落的。你可千万不要胡思乱想，徒生误会啊！我不跟你说也是怕你听了心情不好呀，毕竟一个人难过总好过两个人难过。"

张艳听了丈夫的话，破涕为笑，忍不住责怪道："夫妻本就应该同甘共苦呀，为你分担点儿烦恼，我也甘之如饴，你怎么能不跟我说呢！"

上面案例中的丈夫就是进入了典型的情绪低潮期，这个时候，沉默、烦躁、发怒是很正常的情绪反应。作为家人一定要多体谅、多谦让，帮助他顺利度过这一特殊的情绪时期。当然，这种情绪的高低摆荡也不单单出现在男人身上，对于情绪敏感的女性而言，在周期性变化中，她们情绪波动的幅度通常会大于男性。

第二，踢猫效应。

"踢猫效应"是心理学上的一个专业名词。它是指对弱于自己或者等级低于自己的对象发泄不满情绪，而产生的连锁反应。

在网络上看到过这样一个短片，形象地为我们诠释了什么叫"踢猫效应"。

一天，一位老板因为晚回家，遭到了妻子的责骂。男人自尊心受伤，但是不敢反抗，心里窝了很大的一团火。第二天上班，当他看到前来提交工作报告的下属时，便把那团火气一股脑地发泄到下属身上。

下属被领导莫名其妙地批评了一通，心里自然也不好受。下班后，他看见儿子不写作业，而是站在厨房做饭，恼怒地问道："你不好好写作业，做什么饭，快回屋里写作业！"

儿子本来考虑爸爸辛苦了一天，想做点饭慰劳一下他，岂料遭到了爸爸的一顿训斥，他内心委屈极了，不由得大声哭了出来。儿子哭着哭着，突然看见一只小猫不停地冲他叫着，便生气地给了小猫一脚。小猫吓得跳出窗户，落在马路上，而此时恰巧过来一辆卡车，卡车司机看见小猫赶紧避让，结果慌乱之中不小心把一旁路过的老板给撞了。

从上面的短片故事中，我们可以看出：人的情绪是会传染的，老板把愤怒情绪转嫁到下属，下属又把这种愤怒情绪转给了孩子，孩子受到委屈，又把愤怒情绪转给了小猫。在社会关系链中，当一个人受到外界的批评和质疑之后，往往不会从自身反思，而是心里怀揣着怒火，不自觉地寻找弱于自己或者迫于等级不敢反抗的人进行发泄。由此，负面情绪便会传播，最终给社会带来消极影响。

了解到情绪的"踢猫效应"之后，我们就要学会控制自己的情绪，不要让自己参与到坏情绪的连环锁中，以此避免悲剧的再次发生。

马骊给你划重点：

1. 情绪有的时候像钟摆一样，在外界客观条件的刺激下，总会在正面和负面两个区域之间高低摆荡；情绪又像病毒一样，具有很强的传染性，不好的情绪会沿着等级和强弱组成的社会关系链条依次传递。

2. 了解情绪的"钟摆效应"和"踢猫效应"，可以帮助我们更好地了解自身和对方的情绪状态，也可以帮助我们更理性地应对突发事件。

情绪是一种信号,无关好坏

在网上看到过这样一个哲学辩题:下雨到底好不好?其答案很显然是因人而异。对于卖雨鞋、雨衣的商家,或者开出租的司机而言,有钱可赚,有利可图,当然觉得下雨是一件好事。但是对于一个赶路人而言,下雨天路面湿滑,泥泞难行,交通拥堵,在他们看来,下雨真的是一件非常糟糕的事情。

《齐物论》(《左子·内篇》的第二篇)写道:"是亦彼也。彼亦是也,彼亦一是非,此亦一是非。"意思就是,是非对立的观念都是相对而言的,在这里是对的东西,在那里就不一定对了,在不同的情况下,有不同的解读,并没有客观的是非标准。

因此,下雨天到底好不好,并没有统一的标准答案,要具体问题具体分析,情绪也是如此。一个人释放出来的喜、怒、哀、乐、怨等情绪,是好是坏并没有绝对的定论。尽管在心理学上,紧张、悲伤、痛苦、愤怒、沮丧等情绪体验被贴上了消极的标签。但它们也和积极情绪一样，都是人客观存在的一种反应机制，它们都是人们面对事情时最本真的流露。情绪的存在就像一个信号一样，反映出一个人对于某件事情或者某个东西的想法和态度。

比如，当一个人受到不公平的待遇时，他的自尊心会严重受挫，内心会怒不可遏地向这一不公平的现象发出质疑："你们怎么能这么做？简直太过分了！"这种质疑的声音代表着其对这件事情的抗拒，而愤怒的情绪也向周遭人释放出一个信号：这个人对这件事情的处理结果非常不满意，他的内心充满了不悦。

不过，尽管内心的愤怒、精神的不悦会给一个人带来不好的情感体验，但愤怒里包含的力量有可能促使这个人变得忍辱负重，奋发图强，最后将自己历练成为无坚不摧的强者。

在电影《怒海潜将》中就讲述了这样一个具有传奇色彩的励志故事：主人公卡尔·布拉希尔出生在一个贫困的黑人家庭。这个来自社会底层的黑人小伙为了完成自己的海军梦，毅然离开了他的家乡，转而参军。

到了海军队伍，他才发现现实并没有想象的那般美好。在种族歧视和存在偏见的社会环境中，身为黑人的他成为众人欺凌和排挤的对象。刚走进部队，就有人朝他吐口水；到了寝室，没有人愿

意和他住在一起；到了晚上，教官经常用冷水将他浇醒；到酒吧喝酒，老板都不愿意把酒卖给他。

面对种种的侮辱和不公，他的内心充斥着满满的愤怒，但是性格坚毅的他并没有被这股负能量的情绪所控制，而是将这些情绪转化为对抗压迫者的勇气和实现自我强大的动力。

为了反抗不公的命运，他和曾经是第二次世界大战特种部队高级潜水员的教官发起了潜水的挑战，凭着坚韧的意志力，他竟然奇迹般地赢得了这场憋气比赛。

后来，他凭着超人的游泳天赋幸运地成为一名替补潜水运动员。但是在这支秉持白人至上主义的团队中，黑人加入潜水搜救队简直是一件难如登天的事情。在毕业考核那天，首长故意指使人划破了卡尔的工具包，以此破坏他水下组装零件的任务。四个小时过去了，参与考核的所有人都完成任务上岸了，唯独不见卡尔。

而彼时的卡尔工具包被划破，零件散落在海里，他的组装任务面临着极大的困难。夜幕降临，依旧不见卡尔上岸，此刻海里的温度急剧下降，所有人都看不下去了，大家不顾首长的反对，纷纷跳海营救。

而此时身在海底的卡尔为了完成考核任务，已然赌上了自己的性命。他忍着冰冷刺骨的海水，依旧拼命努力着，最后终于在9小时 31 分成功完成任务。上岸后的他被冻得脸色发紫，全身瑟瑟发抖，但眼神依旧坚定。

卡尔凭借着强大的能力和钢铁般的意志获得了教官的认可。毕业后，他又凭借着一次次出色的表现，为海军部队立下了赫赫战功，职位也一升再升，最终成为海军潜水士官长。

这是一部根据真人真事改编的励志电影。电影里的主人公尽管面临着诸多不公平的待遇，内心无比愤怒，但是他并没有被这种负面情绪所钳制，反而利用愤怒资源中蕴含的力量帮助自身实现快速的成长，最后突破了美国海军最为严格的种族界线，从而完成了自身的华丽蜕变。

从卡尔的故事中我们不难发现，不愉快的情绪在某种特定的情况下也能发挥积极的作用，将人从绝望逆境中拉出来。

以上种种都告诉我们，情绪只是人们内心的一种表达，并没有好坏之分。如果你能真正认识到情绪这个"送信人"的身份，好好接收其传递过来的信息，然后理智挖掘其背后的积极作用和重大意义，那么对于你未来的生活和工作将大有裨益。

马骊给你划重点：

1. 情绪是人客观存在的一种反应机制，它能反映出对于某件事

情绪自控力

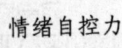

情或者某个东西的想法和态度,但它是好是坏并没有绝对的定论。

2. 不好的情绪在某种特定的情况下也能发挥积极的作用,将人从绝望逆境中拉出来,所以我们不能忽略负面情绪带给人的积极意义。

3. 情绪就像一个"送信人",每一封信都来自我们的内心,我们需要好好接收它传递过来的有效信息,并采取有效的处理方式。如果你"拒收",那情绪可能会不分白天黑夜反复出现,严重扰乱你的工作和生活,降低你的生活质量。

第二章
识别情绪,管理情绪

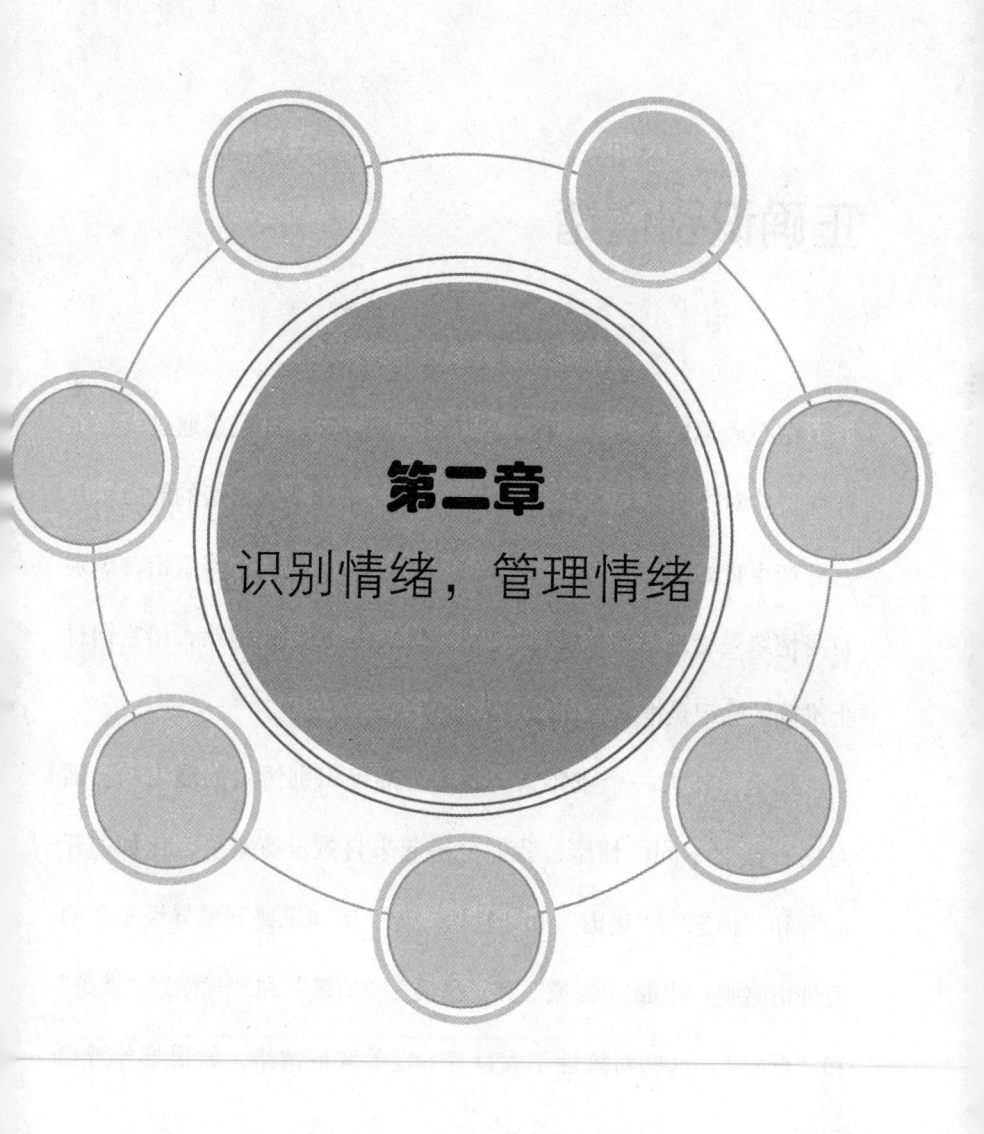

正确识别情绪

在心理学里有一个名词,叫情绪管理。它具体是指通过研究个体和群体对自身情绪和他人情绪的认识,培养驾驭情绪的能力,并由此产生良好的管理效果。从这个概念当中,我们不难看出,识别自身情绪是管理情绪的基础。换句话说,正确识别情绪,给它们打上准确的标记是情绪管理的开始。

那么,作为一个成年人,我们有准确识别情绪的能力吗?面对两种截然不同的情绪,我们分辨起来自然没有难度,比如"开心"和"愤怒"、"焦虑"和"轻松"等。但如果碰到差异性不大的两种情绪呢?比如,"惊慌"和"恐惧"、"愤慨"和"气愤"、"嫉妒"和"反感"。这些对抗性不大且有一定关联的情绪,就很难分辨和把控。

芬兰的一项研究表明:不同种类的情绪作用在人体内,其

身体不同部位的感觉是不一样的,有的强,有的弱。一个人情绪识别越准确精细,越容易管理和理解自己的情绪与生活事件之间的关系。反之,如果这个人情绪鉴别能力不强,他就无法准确分辨出两种相似的情绪,也更加无法做出具有针对性的有效措施。

台湾心理学教授陈永仪分享过一个案例:

一天,有一个在华尔街工作的女强人找到陈永仪,希望她能帮助自己更好地认识自我,发展领导力,成长为一个更好的领导者。但在咨询的过程中,陈永仪了解到女强人的婚姻也出现了问题。有一次在双方争吵的过程中,她的丈夫竟然拿着玻璃杯朝她狠狠砸过去,幸运的是她快速躲开了,没有被伤到。

这时,陈永仪问了她一个问题:"你有什么感觉?"这个女强人的答案里有生气,也有对丈夫在婚后态度变化的失望,但唯独没有受到伤害的恐惧情绪。后来经过沟通,陈永仪才知道这位女强人长期生活在一个以男性为主的环境中,因此不可以透露自己软弱的一面。当然,也正是因为长期压抑或者转移自己脆弱的情绪,导致她忘记了害怕究竟是一种什么样的感觉。

当危险来临时,对恐惧情绪不敏感的她想不到用逃跑来应对,

而是错误地将自己的情绪辨识为生气,而生气的情绪带来的直接后果是对抗。但在争执较量的过程中,如果你的实力与对方相比悬殊较大的话,对抗肯定是讨不到好结果的。

意识到问题的陈永仪立刻告诉女强人:"下一次再遇到这种情况,不管你心里面有什么样的感觉,请你马上打电话给911。"事后,两人不断的演练,陈永仪希望尽可能帮助女强人建立起害怕的回路。

后来,女强人又一次和丈夫发生了冲突,那次丈夫手里拿着一把刀。当时女强人心里很生气,但是她想起了陈永仪给她的建议,犹豫了好几秒后终于拨通了报警电话。7分钟后,警察赶到,成功避免了一起悲剧的发生。

最后,陈永仪感慨地说道:"情绪可以主导我们的行为,决定行为的后果,做到正确的辨识情绪是可以救命的。"对于陈永仪的话,深以为然。正确的辨识情绪是一件非常重要的事情。如果我们做不到这一点,对情绪的感觉是笼统的、含糊的,那么很容易被负面的身心反应所折磨,不断地进行内耗。

另外,错误的情绪辨识会导致错误的应对方式,错误的应对方式有可能引起终身的遗憾。假设上述案例中的女强人没有接受专业的心理训练,她很有可能在后一次争执中,在愤怒情绪的支

配下和丈夫硬碰硬，最后的结果是鸡蛋碰石头，有可能产生极其恶劣的后果。

意识到正确识别情绪的重要性之后，我们接下来要了解的就是如何精准地识别情绪。而要精准识别情绪，首先需要学习和了解更多关于情绪的概念，知道每一种独特情绪用什么样的语言表述，即掌握更多精准描述情绪的词汇。

比如，忧虑，代表着忧愁担心；忧郁，代表着愁闷；郁闷，代表着烦闷，心里不舒畅；压抑，代表着情感被限制，不能充分流露，或者发挥。对于这些描述情绪的词越精准认识，越有利于你更好地控制和管理自己的情绪。

另外，我们还要搞清楚触发情绪的关键因素是什么，哪些敏感事物容易引起自己的情绪波动。当情绪袭来时，自己的身体有什么变化，对应的行为和语言又是什么样的。总之，我们可以从种种迹象中识别自己的情绪，以此来了解它的运行规则，从而做出正确合理的应对方式。

总而言之，情绪管理的前提是，我们要先看见它，识别它，了解当下的情绪状态是什么样的，这样我们才能更加高效地管理情绪。

情绪自控力

马骊给你划重点：

1. 一个人情绪识别越准确精细，越容易有效管理自己的情绪。反之，如果他对情绪的识别是笼统的、含糊的，或者是错误的，那么很容易因为错误的应对方式而引起人生的遗憾。

2. 多学习和了解关于情绪的概念，搞清楚触发情绪的关键因素可以帮助我们更精准地识别自身的情绪。

识别情绪，你需要避开三个大坑

在开始这个课题之前，我想跟大家先分享三个小故事：

故事一：一对婆媳因为孩子的养育问题产生了严重的分歧。媳妇觉得孩子已经四岁了，不能再追着喂饭了，需要锻炼他独立吃饭的能力；婆婆则认为放任孩子吃的话，孩子势必不会好好吃饭，就会影响孩子的生长发育。而媳妇坚持认为孩子吃多少算多少，如果孩子不好好吃就是肚子不饿。

就这样，婆媳二人为孩子的吃饭问题争得面红耳赤。争吵完之后，婆婆肚子气得鼓鼓的，一边抹泪，一边不住地埋怨媳妇："都是些没良心的，我任劳任怨地帮你们照顾孩子，难道还照顾错了？"而媳妇也是气不打一处来，觉得婆婆再这样下去，非得把孩子惯坏了不可。

丈夫下班回家后，看到家里互不理睬的婆媳二人，就意识到出

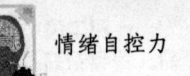

了问题。于是,他赶忙把妻子叫到一旁询问缘由。在明白事情的原委之后,丈夫非常严肃地批评自己的妻子:"咱妈不容易,你就不能让着她点儿吗?我们做小辈的应该懂得孝顺,不应该和她发脾气!"

故事二:一个8岁的小男孩因为调皮不小心打碎了家里的花瓶,正在会客的父亲听到卧室里的动静,立刻就明白发生了什么事。他火冒三丈地把儿子从卧室揪了出来,顺手拿起鸡毛掸子,扒下儿子的裤子,就是一顿揍。

当着客人的面被打,被脱光了的儿子自然是又羞又气,委屈极了。一旁的客人劝孩子的父亲不要这样做,否则会伤了孩子的自尊。父亲听完之后,满不在乎地说道:"小孩子家哪懂那么多,哭一会儿就好了!"

故事三:同事小莉点了一份外卖,结果等了一个半小时,还是没有等到外卖人员的身影,她的肚子饿得咕咕叫,眼看着午休时间已经结束了,下午还有一大堆的工作需要处理,饿着肚子怎么上班呢?越想越急的小莉不由地发怒了,她大声地呵斥道:"这送外卖的在干吗呀?我要投诉他,太不像话了!"

这时,一旁的同事芳芳劝道:"你也别着急,外卖员也许是有事在路上耽搁了。他们也不容易,挣的都是辛苦钱,还是别生气了,气大伤身呐!"

说话间,小莉的外卖被另外一名同事转交了过来,小莉打开一看,里面汤汤水水撒得到处都是。这下,小莉更加生气了。她愤怒地说道:"这次我非投诉他不可,送个外卖不仅迟到,还把汤弄撒了,这让我怎么吃啊!"

这时,芳芳又说了:"千万别啊,这个投诉对你而言也许没什么,但是对外卖小哥的影响可大了,他担负的是养家糊口的重担,你这一投诉,他这一天岂不是白干了吗?得饶人处且饶人吧,我们要学着宽容,吃亏是福嘛!"

听完这三个故事,我们先做这样一个假设:如果你是故事里的妻子、小男孩、小莉,在遇到这些事情的时候,内心是什么样的感受呢?我想换位思考的话,大家一定有一种"有苦说不出""心里堵得慌"的感觉。

事实的确是这样的。在我们的现实生活中,总有一部分人,喜欢站在他的角度上思考问题,然后否认你的情绪这种现象在心理学上被定义为"自我中心",即只会从自己的立场和观点去认识事物,而不能从客观的他人的立场和观点去认识事物。就像故事一当中的丈夫那样,婆媳之间有分歧,他就认为作为媳妇的你不孝顺、不贤惠,你稍微有点不满和反抗的情绪,他就拿道德压着你,说得好像你稍微有点抵抗情绪就不配成为一个好人似的。

故事二中的小男孩被父亲扒光了裤子还要当众受罚是很受伤的。孩子即使岁数不大，也是有尊严的。在外人面前挨打，本来就是一件很丢脸的事情，更何况还是脱了裤子挨打。这对他来说，是身心的双重折磨，那时的他浑身充斥着羞愧、愤怒、不满的情绪。但是他的父亲却不在乎，觉得孩子还小，什么也不懂，忽略了孩子的种种情绪，孩子在这种模式下成长起来，也会慢慢习惯自我忽视，久而久之就对自身的情绪没那么敏感了。有的时候，即使内心觉得不舒服，也觉得没什么，也许过上一阵子就没事了。

故事三中最愤怒、委屈的当属小莉了。本来点外卖这件事情对于小莉和外卖员而言是等价交换的事情。小莉支付的是酬金，外卖员付出的是在规定时间内的服务。但是外卖派送不仅超时，而且汤还撒了，这对小莉而言就不是所谓的等价交换了，因为她接收到的服务质量已经大打折扣了，此时她选择投诉也是合情合理的。但是同事芳芳却打着"正能量"的旗号阻止小莉维权，不仅如此，她还站在道德的制高点来劝小莉，不应该投诉。事实上，这种鸡汤式的劝慰已经忽视了小莉的正当权益，也压制了小莉本应释放的情绪。

通过上面三个小故事，我们不难发现：识别情绪其实并不是一件很容易的事情，如果你不小心跳进下面三个雷区，那么就很难准确有效地识别出自己真正的情绪：

第一，有人道德绑架，否认你的情绪；

第二，你一直生活在一个被忽视、不被尊重的环境中，对自我情绪的感知力很低；

第三，有人用"毒鸡汤"和"正能量"来阻碍你释放正常的情绪。

碰到这三种情况，很多人也许会习惯性地选择顺从，不自觉地慢慢收敛自己的脾气，压抑自己的情绪，假装自己是一个很随和、很洒脱的人。但是情绪它是一种能量，你虽然暂时把它压制下去了，但是未来某一天积攒得多了一定会爆发出来的。

与其到时候爆发，伤人伤己，不如现在就发泄出来。避开上面提到的三个大坑之后，我们要做的就是停止手头的工作，安静下来，认真地聆听内心的呼声，不要受旁人的裹挟，内心的声音代表着我们真实的情绪。换句话说，如果你心里觉得不舒服，那么情绪一定是负面的；如果你内心是愉快的、舒畅的，那么情绪也会是积极正面的。

总之，在排除了干扰因素，尽情释放你的情绪之后，你便能准确地识别出你的情绪。而精准识别情绪，对于你情绪管理来说又是一个好的开始。

情绪自控力

马骊给你划重点：

1. 精准识别情绪，是一个人高效管理自我情绪的重要前提。

2. 情绪识别不是一件简单的事情，如果你因为长期被忽视、不被尊重而造成自身对情绪的敏感度超低，抑或是有人企图利用道德绑架，或者"毒鸡汤"和"正能量"来否认和阻碍你释放正常的情绪，那么，你很容易踏入情绪识别的误区，从而对自身的情绪状态没有一个准确的判断。

利用微表情识别真实情绪

在日常的人际交往中，我们为了维持良好的人际关系，或者为了应付某个场面，会把自己真实的想法和情绪隐藏起来，但是我们的内心世界真的没有被他人察觉到吗？其实并非如此。心理学家研究表明，面部表情是情绪表达的主阵地。对于懂得面部微表情的人而言，他们总是能通过一个人的眼睛、嘴巴、眉毛、鼻子、下巴等部位的轻微变化，轻松破解我们的情绪密码。

电影《千慌百计》里有这样一个情节：一天，美国的某个市区发生一起很严重的案件，凶手将炸弹投放在了某个教堂里。彼时情况非常危急，警察如果不能及时找到炸弹投放的具体位置，那么会有不可估量的伤亡。

在警局里，嫌疑人已被捕归案，但是他的嘴就像上了锁一样，一句话都不肯交代。FBI（美国联邦调查局）已经审讯了四个小时，仍然一无所获。无奈之下，他们只好请来一位微表情专家前来相助，谁知这位专家只用了几分钟的时间，就轻松完成了寻找炸弹的任务。

这位微表情专家是怎么做到的呢？他紧盯着这个嫌疑人的脸，说道："纵火影响很严重，警察现在都忙得不可开交，正在州内最大的两个教堂搜查，你把炸弹藏在那里了吗？"嫌疑人听后没有回答，但是他的面部出现转瞬即逝的欣喜，持续时间 0.2 秒。专家又问："那就让 FBI 查查市郊的小教堂？"此时，嫌疑人面露惊讶，并且单肩耸动了一下，显得有些不自信。这时，专家说道："那就让 FBI 搜查一下罗顿那边的教堂吧！"此时嫌疑人依旧没有作答，但是他的脸上出现了短促的皱鼻愤怒不屑的表情。这下专家心中已经有了答案，他让警察去查看罗顿的教堂。果然，炸弹就在那边的教堂里。

从上面的案例中可以看出：有些情绪虽然没有通过语言传递出来，但是只要我们仔细分析对方的微表情，依旧能得到答案。首先，当嫌疑人听到第一个问题时面部出现不易察觉的喜悦，这说明他的内心正在为专家找错地方而暗暗高兴；其次，当嫌疑人听到警察要去市郊搜查时耸耸肩，显得不自信，说明他内心害怕警察去那里搜查；最后，当嫌疑人听到"罗顿那边的教堂"这个关键信息时，不屑愤怒的表情已经告诉专家真相了。

微表情是一个人心理活动的晴雨表，更是其反映情绪的"敏感显示器"。如果我们能够从以下五个部位捕捉到关键的信息，并且加以分析，那么识别他人的情绪便不是一件困难的事情。

第一，眉毛。

如果你是一个善于察言观色的人，那么你一定会发现，当我们的心情有所改变，情绪高低起伏的时候，眉毛的位置和形状也会跟着发生改变。

比如，皱眉意味着一个人面临不愉快的事情，或者暗示其身处危险、困难之境。反之，当一个人眉毛上扬，则意味着他的心情一定是舒展而快活的，这个时候如果和对手交谈一个项目，那么其极佳的情绪状态一定会有助于提升你们成交的概率。另外，当一个人受到刺激后，他会出现扬眉、吸气的反应，这时候我们可以推断他的内心情绪是惊讶的。

当然，除了皱眉和扬眉之外，我们还可以看到抬眉、降眉和闪眉。所谓的抬眉分两种情况：眉毛半抬高，表示大吃一惊，眉毛完全抬高，则表示对眼前发生的事情难以置信；降眉则可以分为三种情况：眉毛降低一半表示疑惑不解，眉毛完全降低，则表明对方非常愤怒，眉毛突然降低则表明对方不满意你表达的内容；闪眉则是指一个人的眉毛突然抬高，随后迅速复原，一般情况下，这是一种友好的举动,当一个人的家中有好友到访时,他往往会出现这种闪眉的微表情,热情欢迎的情绪状态不言而喻。

总而言之,眉毛所传递的信息是丰富的,在人际交往中,我们一定要利用好这个辅助工具,积极捕捉他人内心的情绪变化,以此来探知其真实的想法。

第二,眼睛。

眼睛虽然在人的脸部占比不大,但它却是我们解锁他人情绪的一把利器。美国的大文豪爱默生曾说过:"人的眼睛和舌头所说的话一样多,不需要字典,就能从眼睛的语言中了解整个世界。"在人际交往的过程中,我们可以通过眼珠转动的速度和方向,以及眼皮的张合、瞳孔的变化来窥探一个人的内心。

首先,当一个人在短时间内连续眨眼时,有可能暗示这个人的内心是局促不安的。有人曾经在美国举行的一次总统候选人辩论中做了一项有趣的数据调查:克林顿演讲时平均眨眼的次数是48次/分钟。而他的对手戈尔平均眨眼的次数是105次/分钟。从眨眼的频次可以看出,戈尔的情绪是紧张的,不自信的,而克林顿则是轻松自信的。

当然,一秒钟内连续眨眼几次也有可能表示一个人的情绪非常高涨,对某个事物产生了浓厚的兴趣。但若是一个人眨眼的时间超过一秒,则表明其内心是厌恶和抗拒的,这个时候我们就不要在他眼前滔滔不绝地说下去了。

其次,当一个人眼皮下垂、不怎么眨眼睛、眼神迷茫时,说明他没有把你的话听进去。当然,如果其附带着打哈欠、抠手指、不断看手表的动作,则表明他的内心是厌倦的,情绪是消极的。

如果一个人在和你交谈时,双眼眯起来,眉头紧蹙,则表明这个人对你所讲的内容产生了质疑,这时你就要明白,要么他不认同你的观点,要么他没有理解你说的话。当然,眯眼的微表情有的时候还可能暗示着一个人对其决定没有把握,或者试图从周遭寻找蛛丝马迹,以此来验证自己的判断是否失误。

此外,当一个人眼珠乱转时,则表明其内心不诚实,有企图掩盖真相的想法;当一个人长时间闭眼时,则表明其内心较为焦虑煎熬,有逃避现实的倾向;当一个人交流时敢于直视对方,则表明其内心自信磊落,不怕被别人看穿心思。反之,如果他的眼睛不断看向别处,则表明这个人心虚,或者对你谈论的事情不感兴趣,抑或是其内心自卑,羞涩,不敢与人对视;当一个人的眼睛突然发亮时,则表明其内心是高兴的,反之眼神暗淡,则表明其情绪低落,内心悲伤。

总之,眼睛是一个人心灵的窗户,透过眼睛的种种细节,我们可以窥探出一个人内心的很多小秘密,也可以识别出其情绪的起伏变化。

第三,嘴巴。

除了眼睛和眉毛之外,嘴巴也是我们识别对方情绪的一个突破口。很多我们下意识的一些嘴部动作会传递出丰富的信息:

嘴唇紧抿时,说明这个人的内心很压抑,或者其承受了很大的压力,情绪较为焦虑;做出撇嘴的动作,则表明其处于悲伤、愤怒、绝望、鄙夷的情绪状态;咬嘴唇,则意味着一个人处于隐忍的状态,当然某种情景下也可以看成是不自信的一种体现,还有一种咬嘴唇的情况,可以视为卖萌耍宝;嘴角上扬则表明一个人的心情非常愉悦,也可以解读为其内心充满了善意,而嘴角向下则可以理解为一个人处于悲伤、痛苦或者无奈的精神状态;嘴巴不自觉地张开则表明这个人有可能对所处的环境产生厌倦,反之嘴巴缩拢则表明他对你的谈话有所不满。

总之,嘴巴不仅可以通过语言传递情绪,而且还可以通过微动作传递信息,如果你想探知一个人的内心,那么不妨结合以上提到的几组基本动作加以分析判断。

第四,下巴。

与其他面部表情相比,下巴确实不那么引人注意。但它的细微变化，也暗含了人的一些情绪波动。比如，收起下巴往往代表着隐忍，下巴向前延伸代表着不服气，这个时候他的情绪很有可能是愤怒的。仰着下巴，代表着一种趾高气昂的态度，这时候人的内心多半是得意洋洋的。而下巴收缩则代表着被驯服，此时人的情绪是害怕畏惧的。

第五，微笑。

19世纪，法国的一位科学家纪尧姆·杜胥内·德·波洛涅曾经对微笑做过深入的研究。他的研究表明：人的笑容是由两套肌肉组织控制的。第一套肌肉组织是颧骨处肌肉，它可以带动嘴巴微咧，双唇后扯，露出牙齿，面颊提升，然后将笑容扯到眼角上。第二套肌肉组织是眼轮匝肌，它可以通过收缩眼部周围的肌肉，使眼睛变小，眼角出现褶皱。

前者可以自主控制，也就是说，即便人不开心，也可以通过大脑的控制，挤出一个微笑来，当然这种假笑不代表人的真实情绪，微笑的背后可能意味着心酸和无奈，也有可能是敷衍，不耐烦。

后者则是发自内心的开心，这种笑容不受自我意识的控制，如果你发现了一个人的笑带有鱼尾纹，那么说明这个人的情绪真的是开心愉悦的。

最后，要跟大家强调的是，微表情持续的时间非常短，最短可持续 1/25 秒，它是一个下意识的反应。大家在识别他人情绪的时候，一定要抓住对方一闪而过的表情，这样才能做出更为精准的判断。

马骊给你划重点：

1. 微表情是识别真实情绪的一个重要途径，抓住一闪而过的微表情，可以帮助我们有效识别他人的情绪。

2. 在人际交往中，我们可以通过他人的眼睛、嘴巴、眉毛、鼻子、下巴等部位的轻微变化，准确破解他们的情绪密码。

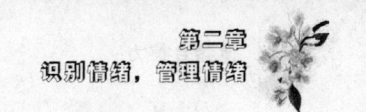

肢体动作是情绪的晴雨表

在心理学上，有一个专业名词叫潜意识，它是指人在没有意识中的心理活动，是机体对外界刺激的本能反应。人的潜意识行为有很多，肢体动作更是其中之一，身体的一些细微动作能代表一个人内心的真实感受和想法。

在港剧《读心专家》里有一个关于交通肇事的剧情，具体案情是这样的：

一天，香港某街区发生了一起非常严重的车祸，一辆汽车越过双白线冲向对面，不仅撞死了路旁的摩托车司机，还冲上人行道撞死了两个路人。很快，警察便抓到了"犯罪嫌疑人"。面对警察的询问，"嫌疑人"痛快地认了罪，并一五一十地交代了自己犯罪的过程。

然而，就在"嫌疑人"认罪签字的那一刻，读心专家姚学琛阻止了这一切，因为他在观看审讯录像带的时候，发现"嫌疑人"有几个反常的肢体动作。其他警察对于姚学琛的行为很是不解，因为在他们看来"嫌疑人"每次回答问题时，语气非常肯定，眼神也没有丝毫的躲闪，所以根本没有撒谎的可能性。

姚学琛却认为这个"嫌疑人"不是真正的罪犯，因为他每说完一句话都会不自觉地摸摸嘴巴，这是心虚的表现，而且在审讯室里，"嫌疑人"始终翘着腿，这个动作代表他的内心非常不安。

与此同时，"嫌疑人"在左边的袜子上做了个记号，这是色盲人用来分辨颜色的方法，而姚学琛假意将橙色说成绿色，而"嫌疑人"却对这颠倒错乱的颜色描述毫不怀疑，由此可以判断"嫌疑人"是在说谎。

另外，当"嫌疑人"的儿子得知父亲一力承担起所有罪责的时候，他眯着双眼，用手托了一下头，这个动作是羞愧的表现。

在姚学琛一系列专业的解读下，案情的真相慢慢出现在众人面前，原来是这位"嫌疑人"的儿子因醉酒驾驶，闹出了人命，其父怕影响儿子的前途，所以替他顶罪。

这个案例形象地告诉我们：一个人的肢体语言会不自觉地透露出内心的活动，也会悄悄地记录自己情绪的秘密。如果你是一个善于观察生活的人，那么一定知道肢体动作隐藏着大量的语言信息。

第一，腿部的动作。

从小我们就被大人教导：坐有坐相，站有站相，这是因为不同的姿势有不同的寓意。当一个人衣着得体，笔直地站在你的面前时，起码说明这个人尊重你；反之，如果他歪七扭八地站着，眼神里充满了不屑，那么他可能并不在意你。

当一个人双腿打开，呈现出一种开放的状态时，表明这个人有绝对的自信，传递着意图支配和主导他人的信息；当一个人双腿交叉，则意味着他处于警惕戒备的状态或者有一些羞涩、胆怯的情绪；另外，当他双腿夹紧或者脚踝相扣时，这表明他内心压抑着一股情绪，这种情况下双方很难顺畅交流。

当一个人和你交流的时候不停地抖腿，那么他的情绪很有可能是焦虑不安的。当他的双腿和双脚一起不由自主地摆动或者颤动时，表示他的内心是快乐得意的，就比如打牌时，手里拿到一副好牌，虽然脸上没有什么表情，但是这个动作早已表明他愉悦的情绪了。

第二，腰部的动作。

不同的叉腰动作代表不同的情绪内涵。一般来说，双手叉腰可以让一个人的身影显得更加高大伟岸，所以很多人都想借助这个动作来彰显自己的勇敢和力量。另外，当一个人的利益被侵犯之后，如果双手叉腰，也暗示着其内心有不满的情绪，有警告宣战的意味。

当然了，如果女性朋友双手叉腰，那么很有可能她的情绪处于一种极度愤怒的状态，这样的姿态表明她要以凶悍的形象与对方死磕到底。

另外，弯腰鞠躬，代表着一个人对另一个人有谦逊或者尊敬之意。除此之外，心理上的恐惧和胆怯也会让人呈现弯腰驼背的姿态。反之，当一个人的腰杆挺直，颈背部保持一条直线，那么就说明这个人自信昂扬，情绪高涨，内心无所畏惧。

此外，当一个人扭动着臀部或者腰部，向你打招呼时，大概率是想展现一下自身的魅力，有一种招惹吸引的意味。而当一个人仰着腰，对着异性时，那么说明他对眼前的这个人毫无戒备心理，内心是极度放松的，甚至释放出一种"向我靠近"的信号。当然，这些腰部动作所折射的内心活动，所代表的情绪内涵也不是绝对的，具体情况还需要根据当时的情景具体分析。

第三，手臂的动作。

通常来讲，双臂交叉代表着一个人处于防御的状态，此时他的情绪是紧绷的；当他把手臂摊开时，代表其处于开放的状态，此时你如果与他谈判，大概率会有好的交流效果。

当一个人的双臂动作不受重力束缚且自由地在空中挥舞时，他的内心很有可能是愉快放松的。反之，当其下意识地收回自己的手臂，垂于身体的两边时，则表明其内心缺乏安全感，情绪也比较消极低沉。

另外，当一个人将一只手托举着另一只手的肘部，而另一只手托起自己的下巴，那么他很有可能已经陷入深深的思考当中。这个时候，他的注意力是集中的，神情是肃穆的，我们对此不宜打扰。

当然，这种托盘式的姿势除了这层意思之外，还有展示自我，吸引他人注意的意味。此时，这个人的情绪无疑是愉悦，内心是自信且得意的。

第四，鼻子的动作。

在人际交往中，鼻子一般都是一个静态的存在，因此人们很容易忽视这一个部位。但如果你心思细腻，就会发现一个人的鼻子变化也能很好地反映其内心的活动，以及情绪的变化。

当一个人说话时多次摸鼻子，那么很有可能是他在撒谎，此时其内心一定是焦虑不安的；当一个人皱鼻子，代表着其内心充满了厌恶和不屑；当一个人抬头仰鼻时，他的态度无疑是轻视和傲慢的。

当一个人内心非常愤怒的时候，他的鼻孔会张得很大；当一个人的鼻孔抖动的时候，表明他的情绪较为紧张；当一个人的鼻子和脑袋一起侧着歪的时候，表明了他带着一种不信任的感觉；当一个人鼻子冒出微微的汗珠时，表明他的情绪较为紧张或烦躁。

第五，耳朵的动作。

当双方交流时，一个人漫不经心地用手指掏耳朵，那么表明这个人的内心充满了不屑或不认真听；当一个人不停地抓耳垂，摸耳背时，他很有可能处于焦虑的情绪状态，这个时候你可以及时地给予其必要的帮助。

当一个人在交谈的过程中，不断地把耳朵向前压，试图用耳郭盖住耳洞，那么他的内心一定是对你所谈的内容充满了抗拒和不满，这时你一定要及时调整话术，以免双方陷入尴尬的境地。

当双方在交流谈判时，一方用手不停地摩擦耳背，那么很有可能他有不同的想法想告诉你，这个时候你就不要自顾自地说话了，停下来把他的话听进去，这样更有利于双方进一步交流。

第六，手部的动作。

塔尖式手势彰显着一个人的自信，这个时候如果你想通过谈判，让对方做出一定的让步会非常困难；双手放在后背，同时伴着俯身和踱步的姿态，则表明这个人正处于思考的状态，

此刻他的情绪一定是沉稳内敛的；双方交流时，一方不停地摆弄自己的手指，表明他对你所谈的内容不感兴趣，其情绪也不是特别高涨；双手插口袋，则是一种自我防御的体现，此时这个人的情绪状态应该是紧张不安的，但是如果他的双手插在口袋里，拇指外漏，则情况相反，表明这个人内心充满了自信轻松。

总之，肢体动作是一个人内心活动和情绪的演绎。通过观察一个人的手、鼻子、耳朵、腿等肢体动作，我们可以了解到他的思想意识、情绪变化。在人际交往中，我们一定要善于运用这种无声的语言，从这些细枝末节里窥探出他人的情绪，从而调整自己的话术，通过沟通达到双赢的局面。

马骊给你划重点：

1. 一个人的身体反应是不会撒谎的，其身体的一些细微动作往往能代表这个人内心的真实感受和想法。

2. 在人际交往的过程中，我们可以通过观察一个人的腿、腰、手臂、鼻子、耳朵、手等肢体部位的动作，了解到他的思想意识和情绪变化。

情绪自控力

语言会折射出你的喜怒哀乐

识别情绪的方式多种多样，除了前面提及的观察微表情、肢体动作之外，我们还可以通过另外一个工具——语言。

古语有云："言为心声，语为心境""观其言而知其行"。这两句话的意思是指一个人的语言代表着其内心的活动。在人际交往的时候，我们可以通过一个人的语音、语速、语调等解锁其情绪的好坏。

第一，通过语气识别。

一个人说话的语气不同，其透露的情绪也天差地别。就拿"你可真是一个好人"这句话举例，如果说话者牙关紧咬，语气里带着一种紧绷的感觉，那么他的话自然是反讽，其情绪也一定是不满和厌恶的；反之，如果说话者语气和缓，口腔状态也很放松，那么说明这个人是真诚地在赞美你，这时他的情绪一定是愉悦放松的。

第二，通过语速识别。

一般来讲，当一个人说话的时候，语调轻快明利，说明他的情绪是愉悦欢快的；如果他说话的语调低沉缓慢，则说明他的情绪是悲伤哀痛的；如果他说话的语调是急促且高亢的，那么他一定处于愤怒的情绪状态。

当然，如果他在讲话的过程中语速由快转慢，那说明他后面所讲的部分是着重点，这个时候把握好后面强调的内容，也就能准确揣摩到他的真实情绪了。反之，如果一个人说话的速度由慢转快，说明他的情绪很大程度上是焦躁不安的。

第三，通过交谈的内容识别。

当一个人在交谈的时候，频繁使用"您""请""谢谢"等词汇，说明他对你给予了充分的尊重，这个时候他的情绪一定是平和的。另外，当你们在一问一答的过程中，他所说的话越来越少，或者话里频繁出现否定意义的词汇时，那么他很有可能是没有兴致继续跟你聊下去了，抑或是对你的观念持反对态度，此时他的情绪必定是不满和厌烦的。

当然，如果他说话的时候口若悬河，自顾自地讲述着自己曾经辉煌的过往，那么他一定是一个自我感觉良好、优越感极强的人，此时的他情绪一定是得意且高昂的。

第四,通过话外音判断。

在日常的社交过程中,由于受含蓄隐忍的性格的影响,很多话表达得并没有那么直接,这时需要大家听懂讲话人的言外之意,否则很难准确判断其真实的情绪。

刘晓晓周末去朋友家做客,朋友非常热情好客,大汗淋漓地在厨房为她做了一下午的饭。面对满桌色香味俱全的食物,刘晓晓不客气地狼吞虎咽了起来。待到吃饱喝足之后,才发现夜幕已经降临了。此时的刘晓晓依旧谈兴未减,很想继续跟朋友探讨一下做饭的技巧。

不过朋友却突然转变了刚才的话题,笑着问她:"你最近工作怎么样?忙不忙呢?"

"我上班悠闲得很,背着领导,我都偷偷地追完一部剧了。"刘晓晓得意地说道。

朋友听后,羡慕地说道:"你的工作可真好,不像我早出晚归的,累得跟狗一样。每天早上五点起来,既要给全家人做饭,还要帮孩子穿衣服,送她上学,之后才火急火燎地跑去上班,真的是太累了,感觉每天觉都不够睡的。"

刘晓晓接着说道:"你真是女强人啊,工作家庭两不误,关键做饭还那么好吃,真是太厉害了,我得跟你好好学习学习厨艺。

刘于，红烧猪蹄是怎么做的，怎么那么好吃！给我传授一下经验呀！"

朋友看她又提出了新的要求，不自觉地皱了一下眉，接着又下意识地看了一下手表。这时，刘晓晓才意识到朋友之前的话其实有弦外之音。毕竟作为一个妈妈，既要忙孩子，又要忙家务，等所有的都安顿完之后应该很累了吧。于是，刘晓晓赶紧告辞离开了。

在这个案例里，假如刘晓晓依旧没有听出朋友的话外之音，继续找朋友请教关于做菜的秘籍，那么肯定察觉不到朋友隐藏的焦急情绪。

总而言之，语言是表达自我情绪的一把利器，也是识别他人情绪的一个重要途径。在日常交流沟通的过程中，我们可以从一个人释放的语言信号判断其情绪的状态，推测其内心的活动，以此掌握谈话的主动权。

马骊给你划重点：

1. 语言是一个人表达自我情绪的重要途径，在人际交往的过程中，我们可以通过语言来识别他人的喜怒哀乐。

2. 我们要想解锁一个人的情绪密码，不妨从其语音、语速、语调等方面入手分析。

提升情绪颗粒度,细化你的情绪等级

如果你有浏览新闻的习惯,一定会发现社会上有很多的新闻案件都跟情绪失控有关。比如:2020年10月30日,某平台的一名外卖人员因为等待取餐的时间太久,自己急着送单,与服务员发生了一些摩擦,情绪失控的他竟然拿起桌上的东西开砸,场面一度难以控制;2021年4月2日,长沙一女子因为感情问题一时情绪激动跳江轻生,幸亏当地民警及时营救,才幸免于难。

从上面列举的案例可以看出,情绪认知和情绪管理对一个人的人生有多么重要。面对同样一件事情,有人的能够很清楚地了解自己的内心感受,及时做出相应的调整,从而把事件的损失降到最低点。有的人则对自己的糟糕情绪一点都不敏感,他只知道自己的情感体验很糟糕,既无法准确表达自己的情绪,又不能作出必要的调整,最后当压力值达到一定程度时,整个人必然会崩溃,心情跌入低谷，进而做出一些过激的举动。

那么，面对同样一件事情，为什么人会做出不同的反应呢？其实，这跟他们的情绪颗粒度有一定的关系。情绪颗粒度是指一个人构建细致的情绪体验和识别并区分具体感受的能力。这个概念最早是由著名心理学家巴瑞特教授提出来的。

据心理学家的研究表明：一个人的情绪颗粒度越高，其幸福感就越强。为什么这么说呢？因为具有高情绪颗粒度的人掌握着丰富的情绪词汇，能够细化自己的情绪，同时拥有较强的情绪管理能力。

耶鲁大学精神医学博士后、酷炫脑创始人兼 CEO 姚乃琳博士曾经在一档节目中表示：颗粒度比较细或者高情绪颗粒度的人，对不良情绪的反应会更敏感，他能识别出自己或他人的悲伤、愤怒、抑郁等情绪。

由此可见，情绪颗粒度决定了一个人的情绪能力。而我们要想提升自己的情绪能力，能够做到精准地感知和概括自己和他人的情绪，就一定要升级自己的情绪系统，即有效提升自己的情绪颗粒度。

首先，一定要多听、多看、多感受。比如，看一部催人泪下的电影，读一本情感类的书籍，听一段情感充沛的音乐，走

出去感受一下外面色彩缤纷的世界等。这些经历和体验都够很好地刺激你的感觉和直觉，也能够帮助你了解和掌握更多的情感词汇。

其次，我们需要了解更多情绪概念的相关词汇和它们的具体含义。在《悲伤词典》里，有 8000 个词汇可以描述"悲伤"的感觉，比如"哀伤""悲悯""忧虑""哀叹""怅然""痛切""凄切"等，这些情绪词汇具体有什么样的区别，适应于什么样的生活场景，还需要我们一一体会和甄别。

总之，学会识别情绪是每个成年人的生活必修课。我们只有提升自己的情绪颗粒度，才能准确分辨他人的情绪和感受，从而避免在沟通的时候出现鸡同鸭讲的尴尬场景。当然，情绪颗粒度的提升还可以帮助你对自己的感觉进行精准分类，并且能针对自己的情况想出相对应的解决办法，从而轻松走出被情绪控制的困境。

马骊给你划重点：

1.一个人的情绪颗粒度越高，对不良情绪的反应越敏感，当然也越容易做出行之有效的应对方法，以此摆脱负面情绪的困扰。

2.要想升级自己的情绪系统,有效提升自己的情绪颗粒度,首先需要我们多听多看多感受,以此掌握更多的情感词汇;其次,还需要我们了解更多与情绪概念的相关词汇和它们的具体含义,这样我们才能准确甄别两种相似的情绪之间到底有什么样的细微差别。

第三章
与负面情绪握手言和

焦虑：放平心态，驱离焦灼感

一天，有个恶魔正在朝一座热闹喧哗的城市走去，有个人拦住了恶魔，问他打算去做什么。恶魔告诉这个人，自己准备要杀10个人，取鲜血来喝。

这个人听了之后，赶紧回到城市，把恶魔要杀人的可怕消息四处散播。

第二天，这个人在城内又一次与恶魔碰面。他问恶魔："你是来杀人的吗？"

这时，恶魔却答道："不杀了，焦虑已经帮我杀了100个人。"

从这个寓言故事我们不难看出，焦虑情绪对于一个人的杀伤力是很大的。在现在这个节奏飞快的时代，人们的压力都普遍较大，因此焦虑也成为人们的一大通病。学生时期，大家焦虑的是能不能考上一个好的大学；大学时期，焦虑的是步入社会能不能拥有一份好的工作；迈入社会，焦虑的是房贷车贷……好像人生的每个阶段，都会碰到一些让你心力交瘁的事情。

而焦虑情绪的出现又会让人的身心受到严重的损害。据相关调查显示，经常受焦虑情绪困扰的人，其患上心脏病、高血压、呼吸系统疾病、皮肤病、糖尿病等的概率会比普通人更高一些。另外，精神科的专家也告诉我们，患有焦虑症的人一般都会出现难以入睡、注意力不集中、心慌、头晕、乏力、四肢麻木、畏寒等不适症状。由此可见，焦虑情绪是人们健康的一大杀手，它的出现会严重影响人们的生活质量。

那么，我们怎么做才能避免焦虑情绪带来的困扰呢？俗话说："刨树要刨根，治病要治本。"我们要想彻底摆脱令人苦恼的焦虑感，首先要找到导致焦虑产生的原因，对症下药，这样才能真正地把这种负面情绪从我们的生活中连根拔起。

一般来说，完美主义是导致焦虑产生的一大根源。那么，何为完美主义呢？它是一种心理现象，具体是指一种力求高标准地完成任务并伴随批判性自我评估倾向的人格特质。他们对自己有着高标准的严格要求，喜欢把事情做得完美无瑕，眼睛里容不得半点沙子。如果中途出现一点点差池或者瑕疵，他们都会懊恼半天。

35岁的王萍是一名家庭妇女，平日里主要负责带娃，由于家庭经济条件并不是很好,她也会利用空闲时间做一些兼职。为了能摆脱这种捉襟见肘的生活,王萍产生了做自媒体的想法。因为在她看来,自媒体是一个非常新型的行业,发展前景十分可观,最重要的是它不受年龄、地域和时间的限制,非常适合她这种在家带孩子的人。

不过,很多事情看起来容易,做起来却很难,等到她真正上手去做的时候才发现困难重重。王萍面对的第一重困难就是视频选题的问题,虽然她锁定了育儿领域,但是具体拍摄什么样的主题她还是举棋不定。她的脑袋里一遍遍地过滤着关于育儿方面的知识和内容,但不管选什么,她都觉得不够深刻,不够完美。

经过一番筛选,终于确定了拍摄主题。她又一次卡在拍摄问题上。每一次拍出来的视频,不是觉得构图不合适,就是觉得画面不美观,要么就是认为场景转得不够好,她一遍遍地给自己挑毛病,没有一个视频是百分百满意的。

就这样,在完美主义思想的禁锢下,她的新媒体道路走得非常缓慢,一眨眼两个月过去了,她只上传了三个比较满意的作品。对于自己的工作效率,她也非常焦虑,但是她就是控制不住自己,经常在标题的编辑、封面的设计,视频的拍摄,主题的挑选等方面死磕。到最后,粉丝没涨几个,倒把自己整得身心疲惫,满肚子焦虑，甚至一度产生放弃的想法。

英国首相丘吉尔有句名言：完美主义等于瘫痪。这句话精炼地表达了完美主义的弊端。所以，在现实生活中，如果你和上面案例中的王萍一样，是一个情绪方面的焦虑者，一定要勇于打破完美主义思想的束缚，坦然接受现实生活中的种种不如意，这样你才能让自己从焦虑的泥沼中走出来。

另外，不要让自己进入盲目攀比的思维模式，这样也会减少你生活中的一些烦恼和焦虑。在网上看到过这样一句话："累，一小半源于生存，一小半源于攀比。"对此，深以为然。在现实生活中，我们常常会看到这样一类人：看到别人家的孩子唱歌跳舞样样都会，就忍不住地对自己的孩子产生失望或者焦虑等情绪；看到别人升职加薪，自己也会不由得一阵焦急，暗自思忖："我都多大年纪了，混得还不如一个初出茅庐的小年轻。"

在这种攀比思维的桎梏下，很多人的内心非常焦急，脾气也变得异常暴躁，做事更没有效率可言。所以，对于常常喜欢与人比较、容易被旁人眼光左右的人而言，一定要正视自己与他人之间的距离，不要轻易因为某个领域的差距就把自己搞得焦虑万分，这样是十分不理智的。就像著名作家杨绛说的："无论人生上到哪一层台阶，阶下有人在仰望你，阶上亦有人在俯视你，你抬头自卑，低头自得，唯有平视，才能看见真实的自己。"

当然，造成焦虑的因素并不只有上面提到的这些，人生目标不明确，能力跟不上野心，抗击打能力弱，遇事不够果断等都会不同程度地让人产生一定的焦虑情绪。

对此，我们一定要放平心态，摆脱传统思维的束缚，坦然接受自己的焦虑情绪，然后追根溯源，找到引起焦虑的根源，对症下药，方能有效地缓解焦虑的情绪。

马骊给你划重点：

1. 焦虑情绪是当代人健康的隐形杀手，它的存在还会严重影响人们的生活质量，降低人们的幸福指数。所以，我们一定要对这种负面情绪予以高度的重视。

2. 我们要想化解焦虑情绪，首先要克服完美主义思想的桎梏；其次不要让自己盲目攀比；最后，还需要为自己树立一个明确的人生目标，不断提升自身的实力，这样才能有效地缓解焦虑的情绪。

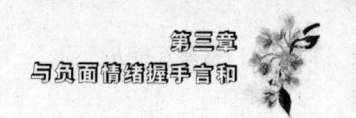

愤怒：用宽容给你的情绪降降温

当汽车快没有油的时候，仪表盘会变亮，这是在提醒车子不能跑了，需要赶紧加油；当我们遭遇不公平的待遇或者受到别人的侮辱和恶意欺骗时，我们的"情绪仪表盘"也会有所反应，告诉你愤怒情绪正在慢慢地向你袭来。

那么何为愤怒情绪呢？专门研究愤怒情绪的心理学家查尔斯·斯皮尔伯格称："愤怒是一种处于轻微恼怒到勃然大怒之间的任一情绪状态。"愤怒，不仅仅指当愿望不能实现或为达到目的的行动受到挫折时引起的一种紧张而不愉快的情绪，也存在于对社会现象以及他人遭遇甚至与自己无关事项的极度反感，常发于社会性动物群体之中，可用成语"义愤填膺"概括。

一般当愤怒的情绪来临时，人们通常表现为：满脸通红、满眼怒火、双拳紧握、眉头紧蹙、大吼大叫，有时甚至会做出一些带有攻击性的动作。

愤怒作为一种情绪本身并没有好坏之分，它对我们心理活动的影响也因人而异。有的人会在愤怒值飙升之际采取积极行动，把愤怒当作一种强大的动力，努力改变不公的命运；而有的人则被愤怒情绪所控制，怒火攻心，硬生生地把愤怒打造成一柄伤己的利剑。

那么，愤怒情绪究竟会对人造成什么样的负面影响呢？德国的大哲学家尼采给过这样的解释："世上没有任何东西能像愤怒的情绪那样更快地损耗一个人。"《黄帝内经》里也有"怒伤肝"这一病理学术语，具体来说，就是指"大怒导致肝气上逆，血随气而上溢，故伤肝。证见面赤、气逆、头痛、眩晕，甚则吐血或昏厥卒倒等。"

现代医学研究还表明：愤怒会让人呼吸加快，血液内红细胞的数量大量增多，从而导致血液凝结，心血管受损。据相关的数据显示，易怒的人群患上冠心病的概率是普通人的6倍，患上肝脏疾病的概率是普通人的8倍，而且愤怒的时间段内犯心脏病和脑卒的风险也是平时的数倍。

由此可见，愤怒情绪对人的健康甚至生命都有极大的影响。在日常的学习和工作中，我们一定要保持宽容平和的心态，给你的情绪降降温。

宋朝有一个画家叫朱子明，他的技艺娴熟，功底深厚，是一个画山水画的高手。他的优秀遭到同行的嫉妒，他们四处给朱子明造谣、抹黑，还嘲讽他是一个驴画家。

有一天，皇帝宋徽宗外出散心，在大街上看到有人专门卖驴画，于是随口问道："这天底下谁是画驴的高手？"随从听了皇帝的提问，不敢怠慢，多方打听，知道了驴画家朱子明。

皇帝听信谣言，误以为朱子明真的是一个一无所成的驴画家，于是心血来潮，特意把他招进宫画驴。朱子明接到圣旨，哭笑不得。但他并没有因此而怨恨那些造谣诽谤者，更没有因为愤怒而在皇帝面前告状，而是在进宫前，潜心学习画驴。最后他因为高超的画驴技艺获得了皇帝的赏识，而他也因此获得了"天下第一会画驴的人"的美称。

康德说过："生气，是拿别人的错误惩罚自己。"我们只有像朱子明那般无视他人的刁难，宽恕别人的过错，才能真正让自己的灵魂获得自由和安宁。当然，宽容平和的心态，豁达大度的格局也为他的未来铺了一条金光灿灿的大道。反之，如果你一味地固守原有的思维，为一些不值得的事情大动肝火，就会被愤怒的情绪所控制，后面也会做出诸多不理智的举动，进而让自己一步步地陷入情绪的沼泽之中。

曾经听过这样一个寓言故事：一头骆驼因为赌气而离家出走，进入了一片大沙漠里。烈日当空，又饿又渴的骆驼艰难地行走着，心里焦急万分。不巧，一块碎玻璃正好咯了它的脚掌，这使得本来就不快的它变得火冒三丈。

怀着满腔的怒火，骆驼抬脚狠狠地把玻璃碎片踢了出去，不料自己的脚掌却被玻璃划破了一个口子，顿时鲜红的血液染红了一大片沙子。生气的骆驼只能拖着受伤的脚掌慢慢走。没想到，血腥味引来了一只凶猛的秃鹫，秃鹫闻着充满诱惑力的血腥味，在高空兴奋地盘旋。骆驼一看情况不妙，哪里顾得上受伤的腿，使出浑身的力气奋力地奔跑着，在沙漠上留下了一条长长的血痕。

跑了很久，骆驼终于摆脱了秃鹫。就在筋疲力竭的骆驼打算停下脚来喘口气时，它又听见了几声狼的嚎叫。原来浓重的血腥味把沙漠附近的狼也引来了。

此时的骆驼因为失血过多已经变得虚弱无力，出于求生的本能，它还是奋力地跑着。慌不择路的骆驼一不小心又跑到了食人蚁的区域。

食人蚁闻到浓重的血腥味疯狂地朝骆驼涌了过来，这时的骆驼再也没有多余的力气反抗了。很快，骆驼就被食人蚁分食了。临死前，骆驼后悔地说道："我为什么要跟一块小小的玻璃碎片置气呢?"

读完这个寓言故事,我们明白了:愤怒的情绪就像洪水猛兽,如果你控制不住它,就会招来无穷的灾祸。作为一个成年人,我们每个人都应该练就一颗宽容且通透的心。能够做到不与不值得的事纠缠,想得通,看得透,以忍为先,这样我们才不至于将自己陷入一种怒火中烧的负面情绪当中,无法自拔。

当然,我们这里说的宽容也是有一定的原则和限度的,对于贪得无厌、不知感恩的人,我们就没必要时时以和善和宽容的态度视之,否则他们会想方设法占你的便宜,千方百计攫取你的正当利益。这个时候,保留必要的愤怒情绪,也可以在一定程度上帮助你树立个人威严,保全自身的尊严,以及吓退那些毫无原则底线的人。

另外,当愤怒情绪占据高地的时候,除了上面提到的宽容,你也可以先忍一忍,给自己的负面情绪按一个暂停键,事后或许你会发现有些事情根本是一个误会,你也没必要生那么大的气。

从前,在美国阿拉斯加的某个地方住着一对年轻夫妻,他们俩感情和睦,早早结了婚,本以为婚后能开启一段幸福的生活,谁料命运弄人,妻子在生孩子的时候难产而死,只剩下可怜巴巴的丈夫带着一个幼小的孩子。

为了养活孩子，男人不得不在外面忙碌。家里因为没有人帮助照顾孩子，于是他训练了一只很听话的狗狗，让狗狗咬着奶瓶给孩子喂奶，以缓解他的负担。

有一天，男人有事出门了，狗狗独自在家照看孩子。不巧的是，因为风雪天气，男人被困在外面过了一夜。当他第二天急匆匆地赶回家的时候，眼前的一幕彻底让他惊呆了：房子里狼藉一片，到处都是血，而床上的孩子早已不见了，满口是血的狗狗紧张地盯着主人。一瞬间，男人好像明白了些什么，他觉得就是狗狗兽性发作，把孩子吃掉了，于是火冒三丈的他拿起斧头就把狗狗给砍死了。

但杀完之后，他又听到孩子的啼哭声，又惊又喜的他到处翻找，最后在床下找到了孩子。孩子虽然身上沾了鲜血，但毫发无损。就在他纳闷之际，突然发现狗狗的腿上少了一块肉，而在不远处还站着一只满嘴是血的狼。

这下，男人终于知道是怎么回事了，他看着被自己亲手杀死的狗狗，痛苦不已……

有的时候，我们的愤怒情绪很有可能是由某个误会造成的。所以，当我们生气愤怒的时候，不妨先忍着，让自己缓一缓，然后冷静地思考，或许事情还有新的转机。

马骊给你划重点：

1. 愤怒情绪对人的健康甚至生命都有极大的影响，如果长久地不重视它，那么我们患上各种疾病的概率就会大大提升，最后有可能沦为负面情绪的牺牲品。

2. 当愤怒情绪来袭的时候，我们需要摆正自己的心态，尽量用宽容的态度给自己的情绪降降温。

嫉妒：减少横向比较，远离"红眼病"

说到"嫉妒"这个话题，相信很多人脑海中会浮现一系列历史故事：战国时，庞涓嫉妒孙膑才华横溢，遂在魏惠王面前诬陷孙膑私通齐国谋反，致使孙膑被剜去了双腿的膝盖骨，落下终身残疾；李斯和韩非子同时拜在荀子门下学习，后者因才华出众遭到李斯的嫉妒，之后李斯与姚贾一道进谗，将韩非子陷害至死；《三国演义》中周瑜嫉妒诸葛亮的才华，数次找机会杀他，奈何均以失败告终，最后留下了"即生瑜,何生亮"的哀叹。

一般来说，拥有这种情绪的人大多心胸狭窄，对于比自己优秀成功的人抱有一种敌视的态度。有的时候，为了求得心理平衡，他们还会采用某种不正当的手段将他人强行拉回原来的位置。当然，有些嫉妒情绪强烈的人甚至不惜以牺牲自我利益为代价，以此达到破坏他人成功的目的。就像培根说的那样:"嫉妒这恶魔总是暗暗地、悄悄地摧毁人间的美好东西。"

2002年9月14日,南京汤山发生了一起特大投毒案。汤山中学的三十多名孩子口鼻出血,倒地不起,一些民工手拿尚有余温的烧饼,一头栽倒在地。

回过神来的人们纷纷意识到他们刚刚吃的烧饼有毒!可是卖烧饼的铺子在汤山镇可是赫赫有名的,铺子的主人陈宗武每天的生意好得不得了。据报道,他一天要用上几百斤的面粉,所做的烧饼要分批售给十多个走街的小贩,还要供应给镇上的一家豆浆连锁店。

按理说,他完全没有理由投毒坑害自己的客户啊!如果是他下毒,那和自掘坟墓有何异样呢?果然,在公安机关的全力追查下,将罪犯锁定为因生意竞争而与陈宗武积怨已深的陈正平。

被捕后的陈正平交代,自己与陈宗武所开的店相邻而居,但对方经营的面食店整天迎来送往,热闹非凡,而自己经营的小店却门可罗雀,冷清无比,于是心生嫉妒,渐渐萌生了给竞争对手投毒的恶念。随后,陈正平买了12支鼠药剂,50克粉剂,偷偷潜入陈宗武面食店的外操作间,将毒药搅拌到白糖、油酥等食品原料之内。

此次恶性投毒事件最终造成300多人中毒,42人死亡。面对着一条条鲜活的生命转瞬即逝的残酷事实,嫉妒就像魔鬼一样,它能扭曲一个人的本性,也可以将人性的恶释放得淋漓尽致。

当一个人产生嫉妒的情绪时,其内心是非常复杂的,在争强好胜的欲望的支配下,他既有技不如人的焦虑感,又有被别人压制的愤怒感;既有远远被人甩在后面的恐惧感,又有对竞争对手的憎恶感;既有对自身糟糕现状的悲哀,又有涌上心头的强烈报复感。总之,嫉妒是一种可怕的情绪状态。一个人一旦被这股负能量所吞噬,内心会变得邪恶,做事也容易走极端。

澳大利亚的心理学家曾经做过一个与嫉妒情绪相关的实验,这个实验采访了18 000位成年人。在经过长达九年的研究之后,心理学家发现:15~24岁这个年龄段的人更容易受到嫉妒情绪的困扰,而且这些人在未来的心理健康问题和对生活的满意程度更加令人堪忧,他们产生焦虑和愤怒情绪的概率要远比其他年龄段的人高。

嫉妒除了对人的精神层面产生影响之外,对人的身体也有着莫大的伤害。嫉妒情绪会让人体的内分泌紊乱,从而影响到肠胃功能、睡眠质量、性格脾气,严重的还会造成人体免疫系统的低下,这让危害人体的疾病更加有机可乘。

就像英国戏剧家、诗人莎士比亚说的那样:"嫉妒,真的会让天使变成魔鬼。""妒妇的长舌比疯狗的牙齿更毒。"既然嫉妒是如此可怕的一件事情,那么我们应该怎么做才能避免产生这样负面的情绪呢?其实,树立正确认知,减少横向比较,增加纵向比较是一个不错的解决办法。

嫉妒的情绪一般产生于同一竞争领域的两个竞争者。两个年龄相仿,生活背景大致相同的人,当一方的荣誉、钱财、知识、权利、形象等优越于另一方时,落后的那一方就会止不住地心生妒意。比如,某单位的小李看到邻桌的小薇穿了一件淡黄色的长裙,收腰显瘦的裁剪将她的身材修饰得曼妙修长、婀娜多姿,V领的设计又显得性感十足,女人味倍增。小薇也因此收割了办公室众人艳羡的目光和不住的赞美。这时,外貌平平无奇的小李泛起了丝丝的酸意:"不就是身材好点吗?业务能力还不是一塌糊涂。"

上面案例中的小李就是采用了横向比较的错误方法。这种以人之长比己之短的做法无疑会激活自己内心的嫉妒情绪。假使小李能够理智一些,能够客观分析对方的优缺点,不仅仅从外貌形象这一方面论输赢,那么她一定不会被嫉妒这种负面情绪所困扰。又假使小李能够懂得纵向比较,拿昨天的自己和今天的自己比较,从中看到进步和成长,那么她一定也会为自己可喜的改变而高兴,而不再因为他人光芒掩盖自己而变得郁郁寡欢。

所以，改变固有的认知和看法，以理智的心态看到自己的发展变化，才能有效驱除嫉妒心态，从而远离不良情绪的困扰。

另外，嫉妒是一种普遍的社会心理现象，也是人的本性之一，每个人的一生多多少少都会产生嫉妒的情绪，不必大惊小怪，也不要以此为耻，更不必遮遮掩掩，必要的时候寻求恰当的倾诉对象，把内心的痛苦和不满宣泄一下，也是缓解嫉妒情绪的一个良方。

当然了，如果你是一个善解人意的人，那么不妨采用"情感移入"的心理疗法，即将心比心地替对方着想一番，这样也能有效地遏制嫉妒情绪的蔓延。比如，你所在的公司有一个家世、能力、形象样样都好的同事，每次只要他出手，必定攻无不克战无不胜，他也因为出众的业务能力和骄人的业绩赢得客户的倾心和老板的赏识。

这样光芒万丈的他往往衬得你暗淡无光，渺小无力，这时你的内心会对他生发出一些恨意，但是假使你站在他的角度考虑一下："我善言谈，懂交际，知道如何搞定客户，为公司盈利能有什么错？"站在对方的角度体验一下他们的情感、他们的处境，你就会明白嫉妒的心理是多么可笑，人家赢得的所有鲜花和掌声都是理所当然的，哪有什么错，值得你去记恨呢？

我们与其满怀恨意，去嫉妒一个比自己优秀的人，不如抓紧时间，磨炼充实自己。当你化嫉妒心为进取心时，你会发现你拥有了更多超越他人的潜质,也收获了前所未有的快乐。

马骊给你划重点:

1. 嫉妒是一种可怕的情绪状态,它除了对人的精神层面产生影响之外,对人的身体也有着莫大的伤害。所以,我们一定要调整自己的心态,绝对不能让自己被这股负能量裹挟,从而做出一些极端的事情来。

2. 减少横向比较,是远离嫉妒情绪的一大良方。另外,当嫉妒情绪扑面而来之时,我们也可以通过情感宣泄和情感移入的方法,削减自己内心的不平衡。

紧张：敢于"丢脸"，是你人生的必修课

在我们的成长过程中，紧张的情绪可以说伴随我们人生的每一个阶段。在我们嗷嗷待哺的时候，碰到一个新的环境，会紧张得哇哇大哭；到了上学的年纪，听到老师的提问，也会紧张到浑身发抖；情窦初开之时，看到心仪的对象，我们会紧张得心怦怦乱跳；步入社会，参加工作，需要上台发言，我们依旧紧张得说不出话来。

总之，在人生的各个阶段，紧张的情绪总会与我们相伴而行，给我们带来一系列不好的情感体验，想甩也甩不掉。

一般来说，当紧张的情绪来袭时，我们通常表现为肌肉僵硬，表情管理失去控制，显得非常不自然，大脑一片空白，手不停地发抖，腿也发软，头冒虚汗，心跳加快。当然，除了这些生理反应

外,紧张者说话的时候也是语无伦次,结结巴巴,带有一定的颤音,内心充满了恐慌,非常想逃离现在所处的环境,用一句话概括就是"恨不得找个地缝钻进去"。

紧张是我们日常生活中很常见的一种情绪,它是人体在精神及肉体两个方面对外界事物反应的加强,是应付外界刺激和困难的一种心理准备。面对这一消极情绪,有的人站在那里尴尬得不知所措,有的人却能通过自己的智慧轻松化解。

著名作家沈从文先生26岁时被胡适聘为中国公学讲师。第一次登台授课,虽然课前做了充分的准备,但是上台之后的他还是紧张得不知所措。面对着讲台下黑压压的学生,他呆呆地站了十几分钟。好不容易平复了情绪,但事前准备好的讲课内容却被忘得一干二净,于是他只能低头念稿。

一堂几十分钟的课,十几分钟就草草讲完了,此刻课堂的氛围尴尬到了极点。他紧张得直冒虚汗,内心早已慌乱不堪,但是这位质朴且可爱的作家并没有为了保全自己的面子而强行找借口搪塞大家,而是转过身去在黑板上写了一行字:"今天是我第一次上课,见你们人多,我害怕了。"这一憨厚耿直的行为并没有招来学生的嘲笑和奚落,反而让大家更为佩服沈从文先生的坦率赤诚。

后来,有人把这件事告诉了胡适,胡适笑着说道:"上课讲不出话来，学生不轰他，这就是成功。"

紧张怯场是我们每个人都会有的一种正常的心理反应，尤其是万事开头难，在第一次尝试时，这种负面情绪几乎会成为我们每一个人难以逾越的一道障碍，就连沈从文这样的文学巨匠也不例外。那么我们为什么会出现这样负面的情绪呢？究其根本原因还是因为害怕自己在公众面前出丑。换句话说，害怕做不好，自身的形象会受到影响，正因为有了这层心理负担的加持，紧张的情绪才会出现。

这也与美国演讲学家查尔斯·格鲁内提出的"自我形象受威胁论"不谋而合。自我形象受威胁论认为每个人都具有理性的、社会的、性别的、职业的自我形象，当人们进行演出、演讲时，其自我形象就会暴露于公众面前，由于担心自我形象会遭到破坏，因而产生了窘迫不安的怯场心理。

要想从根本上克服紧张的情绪，我们还是要打破固有的想法，敢于"丢脸"，不要动不动面子至上，觉得失了面子是一件非常可怕的事情。面子是很重要，但它却不是最重要的。放下面子，不是放弃尊严，而是放下一种固执，放下一份芥蒂，放下心中的名利，从而以更放松的状态迎接生活的挑战。如果大家能这样想，我们就会少一些负面情绪的影响，多一份成事的沉稳和信念。

寒门女孩刘媛媛身上有一个非常耀眼的标签:《超级演说家》总冠军。熟悉她的人都知道,这个标签得来并没有那么容易。

本着"希望过与别人不一样的人生"的信念,这个勇敢的姑娘坚定地在《超级演说家》节目报了名。虽然知道自己没有任何演讲的天赋,也知道自己未曾参加过演讲比赛或培训,很有可能会在众人面前出丑,但是她不在乎。"世界上我最不害怕的事情就是丢脸,我觉得丢脸没有任何损失。"这是刘媛媛的人生格言,也是其夺得冠军的有力武器。

在《超级演说家》的比赛之初,她作为唯一的女选手,表现得非常一般。毫无演讲经验的她一上台便遭来各个导师的"批判"。

虽然自己的演讲没有得到众人的认可,但她并没有因此而觉得丢脸,更加没有泄气和退缩,而是开始疯狂学习和训练。一个人悄悄地刷遍了市面上近百本关于演讲表达的书籍,看遍了数百个 TED 演讲者的视频。为了呈现更好的演讲效果,她默默钻研和模仿演讲者的语气、肢体动作、表达方式。

最后功夫不负有心人,在短短的三个月的时间里,这个险些被淘汰的小白选手,硬是华丽地蜕变成了演讲王者,一举问鼎全国演讲冠军。

情绪自控力

世界著名大学耶鲁大学有一则经典的励志名言：敢于尝试，敢于丢脸。正所谓，敢于丢脸，才有机会为自己长脸。这是每个成年人的人生必修课。假使刘媛媛当初只在乎别人的看法，让自己一味地陷于紧张消极的情绪当中无法自拔，那么她的人生绝对写不出如此华美的乐章。

综上所述，消除紧张情绪最有效、最根本的方法便是改变传统思维，努力做一个"厚脸皮"的人。从心理学的角度来看，"厚脸皮"的人有强大的内心防线，不会轻易活在他人的闲言碎语里，也不会因为所谓的面子问题，而焦虑紧张，不会因为面子而瞻前顾后，裹足不前。

当然，克服紧张情绪并不仅仅只有上面提到的一种办法，除了改变心态之外，我们还可以通过降低期望，提前练习，给自己积极的心理暗示，深呼吸，听音乐等方法来让自己放松下来。如果大家正处于面试、演讲或者汇报工作的紧张期，不妨拿这些方法来试用一二。

马骊给你划重点：

1. 紧张是我们日常生活中很常见的一种情绪，当我们深受紧张情绪的困扰时，会产生一些不适的生理反应，这都是正常的，正确对待即可。

2. 要想克服紧张的情绪，我们需要改变传统的思维，敢于放下面子，做一个"厚脸皮"的人。

孤独：坦然接纳，品味寂寞

孤独，对于我们现代人而言，并不是一种陌生的情绪。曾经有一段时间，一张关于孤独的等级分化列表还赫然登上了微博的热搜榜单。在这张图表中，人们把孤独分为了十个等级，如下表 3-1 所示。

表 3-1　孤独的十个等级

第一级	一个人去逛超市
第二级	一个人去快餐厅
第三级	一个人去咖啡厅
第四级	一个人去看电影
第五级	一个人吃火锅
第六级	一个人去 KTV
第七级	一个人去看海
第八级	一个人去游乐园
第九级	一个人搬家
第十级	一个人去做手术

这份孤独等级表一下子就激起了众人的情感共鸣,大家纷纷以自嘲的方式宣泄着内心的孤独感。

那么为什么很多人都有这样的情绪体验呢?从心理学的角度来说,人类从原始社会开始就是一种群居动物,大家在群体中扮演着需要和被需要的角色,因此对群体有一种依赖感和归属感,当人们一旦离开群体就会失去安全感,内心也会呈现出一种孤独寂寞之感。

其实孤独本身并不可怕,可怕的是我们不知道如何面对孤独。作家刘同说:"孤独之前是迷茫,孤独之后才是成长。"

孤独的确会让你变得焦虑、发慌,但是在独处的时光里,你可以更清楚地认识自己,也可以在孤独中汲取力量,实现更为深刻的自我成长,这难道不是一件更有价值的事情吗?所以,作为一个成年人,理智的做法就是坦然接纳孤独的情绪,然后在孤独中积蓄能量,从而实现完美绽放。

2020年,华为贴出了一份"天才少年"的项目招录名单,名单显示一共有4名毕业生获得该项目最高档年薪201万元,而来自华中科技大学的博士生左鹏飞就是"天才少年"之一。很多人看到这样的高额薪资,都表示羡慕不已。然而,在采访中,左鹏飞却表示自己并不是什么天才,他只是把别人打游戏的时间用来做实验而已。

有人说，孤独是一个人走向成功的必经之路。确实，天才少年的强大，其实就是从"我行我素"的孤独开始的。

古今中外，很多成功的人都能耐得住孤独，挡得住寂寞，在独处的枯燥日子里实现自我价值的提升，天才少年左鹏飞是这样，日本最厉害的剑术高手柳生又寿郎也不例外。

早期的柳生又寿郎拜在著名剑客宫本武藏门下学习剑艺。有一天，柳生又寿郎问师傅，要修炼成为一名出色的剑师，大概需要多长时间。宫本武藏告诉他：需要一生。柳生又寿郎又问师傅，自己做足了吃苦的准备，打算跟着师傅一心一意地学习，这样得多久才能炼成高超的剑术。这次师傅的答案是：十年。

柳生又寿郎接着告诉师傅，自己的父亲岁数已经不小了，不久自己还得回去尽孝，如果加倍努力地学，需要多久才能学成。师傅这次则告诉他：需要三十年。

这让柳生又寿郎困惑不已，师傅一会儿说十年，一会儿说三十年，根本没有个定数。不过不管怎么样，他都想以最短的时间精通剑术。

师傅看明白了他的意图，便语重心长地说道："欲速则不达。如果你再这样急功近利，也许学完得花个七八十年的时间。"

柳生又寿郎听了老师的话意识到自己太着急了，于是便打消了速成的心思，跟着老师踏踏实实地一步步学起来。不过训练的初期，师傅并没有教柳生又寿郎任何关于剑术的内容，而是让他做饭、洗衣、打扫卫生、铺床、照顾花园。这些无关紧要的工作，柳生又寿郎一做就是三年，在此期间，他也着急彷徨过。

突然有一天，柳生又寿郎遭到师傅的背后袭击，一支木剑重重地击打在了柳生又寿郎的身上。此后的无数日夜里，师傅都要出其不意地攻击柳生又寿郎，在提心吊胆和严防死守中，柳生又寿郎的剑术在不知不觉间得到了质的提升，最终成为全日本最精湛的剑手。

成名后的他，终于明白师傅的苦心：要想练就一番本领，成就一份功名，首先就得去除浮躁，守得住寂寞，而三年的打杂正是对他心性的最好磨炼。当他能够秉持足够的耐心，在无数枯燥孤独的日子里守住初心，砥砺前行，成功也正在一步步地朝他走来。

林语堂说过："孤独这两个字拆开看，有小孩，有水果，有走兽，有虫蝇，足以撑起一个盛夏傍晚的巷子口。"最后，愿每一个拥有孤独情绪的你都能够坦然地接受这份并不美好的情绪，学会享受独处的时光，在孤独中磨炼心性，默默成长，最后活成自己想要的样子。

马骊给你划重点：

1. 孤独既是一种糟糕的情绪体验，也是一个相当压抑的过程。当孤独情绪来袭时，人们通常看不到生活的希望，内心充满了无助、失望和沮丧，脑海里也会产生"人间不值得"的颓废念想。

2. 面对孤独的情绪，最理智的做法就是坦然面对，勇敢接纳，然后在孤独中积蓄能量，塑造自身的内在价值，从而实现自我的成长，人生的升华。

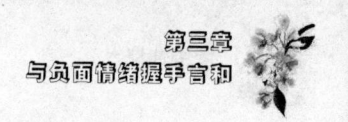

恐惧：未知的惧怕，用已知化解

在日常生活中，恐惧是一种非常普遍且常见的情绪状态。当我们的周围出现一个无法掌控的状况或者不确定的因素时，自然而然会产生恐惧的情绪。

比如，一个女孩夜晚独自走在黑漆漆的马路上，她不确定周围是不是有坏人出没，这时她的内心一定是惶恐不安的。这种恐惧的情绪一旦袭来，就会让人坐立不安，如履薄冰，每一分每一秒都处在一种煎熬的状态，虽然我们的身体对现有状态本能的抗拒，但对此又无能为力。

一般来说，每个人所处的环境不同，所恐惧的内容也不尽相同。有的人胆子小，恐惧漫漫黑夜；有的人心脏承受能力小，恐惧坐过山车；有的人性格内向，恐惧社交；有的人生性自卑，恐惧没有人爱；有的人热爱权力，恐惧自己地位的变更；有的人缺乏安全感,恐惧朋友的疏远和背离……总而言之,没有人是无坚不摧的,大家都有自己害怕的东西。

当一个人受到恐惧情绪的干扰时,身体会做出一系列的反应:皮肤由于受到刺激而起鸡皮疙瘩,寒毛也会竖立,呆若木鸡也是一种很常见的反应。除了这些身体反应之外,在危险来临之际,人的大脑全部注意力也有可能集中在"战斗"或者"逃跑"这两件事情上。

恐惧情绪是一种非常糟糕的情感体验,它会让人的身心承受双重的折磨,有的时候甚至会尊严尽失。不过对于很多有信念感的人而言,恐惧情绪有的时候也是可以克服的。

2019年,一场猝不及防的新型冠状病毒肺炎疫情突然暴发,全国多个城市被笼罩在病毒的阴霾之下,人们正常的工作和生活受到了严重的干扰,生命健康也遭到了很大的威胁。

这时恐惧情绪在人群中悄悄蔓延,在此危急关头,钟南山院士本着坚如磐石的意志和一心为民的真挚情怀逆行武汉,冲到了抗疫最前线。

他研判疫情走势,接受媒体采访,回应疫情热点,安抚大家焦躁不安的心;他视频连线系统,参与危重病人的救治,他殚精竭虑,不辞辛劳,与各国专家一起交流应对策略。

八十多岁的年迈身躯难道真的不惧怕肆虐的病毒吗？不，一个个被病毒折磨的危重病人，一组组可怕的感染死亡数据早已让我们见识过了新冠病毒的威力。但即便如此，这位最美逆行者依旧勇往向前，没有表现出一丝恐惧的情绪，他用坚毅的眼神和刚毅的脸庞直面瘟神恶煞。这般伟岸，这般坚毅，这般勇敢，心中该是藏着多么坚定的信念啊！

当然，人生在世，大部分的人活得平凡普通，并没有终南山院士那般伟岸的胸襟和坚定的信念，也没有他高超的医学水平，更没有他那遇事临危不惧的情绪状态。不过即便作为普通人，我们还是要学会控制恐惧情绪，这样才能在未来的生活中过得更加有安全感。

那么，恐惧情绪应该如何调节和控制呢？要想处理恐惧情绪，还得从其产生的源头说起。心理学家认为，恐惧情绪源自对事物的未知性。通常来说，人们在脑海中对事物会建立相应的模型，但当陌生的事物出现时，人们的认知中没有对应的模型，所以不知道如何面对。对不熟悉的东西产生的未知感和无法掌控感让我们感到害怕。另外，自己对危险本身的联想和幻想也会加深我们的恐惧情绪。

在电影《中国机长》中出现了一幕极端罕见的险情：一架飞机

在万米高空突遇驾驶舱风挡玻璃爆裂脱落，座舱释压。碎掉的玻璃被卷进了右侧的引擎中，飞机立刻失去了一部分动力，开始颠簸起来，副驾驶的半个身子也被甩在了飞机外面。

没有玻璃的阻挡，时速900千米、高原零下40摄氏度的冷风呼呼吹进来，驾驶舱内根本无法呼吸。而此时的机舱内也是一片狼藉，强烈的气流强劲冲入，空姐都被吹得飞了起来，氧气面罩散落一地。舱门机内气流涌动，处于失压状态，再加上高原氧气稀薄，人们变得呼吸困难。

更加不幸的是，飞机在脱困的过程中还遇到了强暴风雨，机长出于安全考虑，只能原地转圈。

面对这样的危险状况，飞机内的乘客马上意识到自己正面临着死亡的威胁，但是大家对此又无能为力。在巨大恐惧情绪的裹挟下，一个喝醉了的乘客失去理智，大骂机长，甚至还要冲到驾驶舱。

而此时的机长在恶劣的飞行条件下，依旧强忍着被冻伤的身体，沉着冷静，一个爬升把飞机拉上了一定的高度，避免了飞机撞向大山。遇到暴风雨天气时，他在盘旋中静待转机，然后在转机中小心翼翼地在云团的裂缝中慢慢前行。最后飞机终于冲出了黑压压的云团，躲过了冰雹，在与地面人员的完美配合下成功降落。

在这个九死一生的危机时刻,毫无掌控感的乘客显得慌乱不堪,内心的恐惧已经达到了顶点。而飞机内的空乘人员则掌握了一定的飞行常识和安全技能,她们的恐惧情绪比乘客少一些,在理智的支配下,她们指挥乘客系好安全带和戴好氧气面罩,使得大家免受更大的伤害。而负责此次飞行的关键人物机长则因为具有强大的专业能力和心理素质,在危险来临之际,受恐惧情绪的干扰是最少的。他凭借着专业娴熟的飞行技能,牢牢掌控着局势,最后成功确保了飞机上全部人员的生命安全。

一个人的恐惧情绪是与其认知能力、专业技能、心理素质成反比的。所以,要想克服对未知的恐惧,就得不断拓宽自己的视野,提升自己的技能,提高自己的预见能力,用已知的能量去增强自己的掌控感。这样一来,我们就提升了对恐惧情绪的免疫力。

马骊给你划重点:

1. 恐惧情绪是一种非常糟糕的情感体验,当一个人受到恐惧情绪的干扰时,身体会产生一系列不适的反应,人的精神也会承受痛苦的折磨,另外大脑的全部注意力也有可能集中在"战斗"或者"逃跑"这两件事情上。

2. 不断拓宽自己的视野,提升自己的工作和生活技能,提高自己的预见能力,用已知的能量去增强自己的掌控感,是一个人克服恐惧情绪最有效的方法。

尴尬：自嘲和幽默是破冰的"良药"

在现实生活中，我们经常能遇到各种尴尬的瞬间：走着走着，突然脚底一滑，重重地摔倒在众人面前；坐在公交车上，突然肚子不舒服，一个又响又臭的屁猝不及防地冲了出来；前一秒还假装镇定地跟别人说肚子不饿，后一秒肚子就咕噜作响……

当这些情景发生的时候，我们会感到非常难为情，恨不得立马找个地缝钻进去。此时此刻，一种叫作尴尬的情绪正在向你疯狂扑来。从心理学角度来看，"尴尬"是一种另类的"羞耻"，当人们在群体中做出不合时宜的举动且被人发现时，会产生自认为不被认同的感觉，从而导致自己的内心会感到不安和羞愧。在这种情绪的干扰下，我们的表情会变得极不自然，脸色涨得通红，手心和额头直冒冷汗，内心无所适从，只得默默地祈祷这样的时刻赶紧过去，或者希望有个人能够像盖世英雄一样从天而降,帮自己解围。

理想是丰满的,但现实是残酷的。当你在生活中经历尴尬的体验时,很少有人能站出来帮你解围,帮你化解这尴尬的氛围。如果你想从中突围出来,还是得依靠自己的智慧和能力。

综艺节目《我就是演员》开播以来,给我们留下了很多经典的名场面。在一期节目中,演员姜潮和许君聪搭档演了《西游降魔篇》里的一个片段。但是演完之后,各位导师对他们的表演效果并不满意,章子怡给出中断的"NG",李诚儒也表示"再不停把我们演'死'了"。而导师于正更是不客气地说:"姜潮,首先我承认你是个很好的人,但不一定是个好演员,不知道什么样的迷之自信让你觉得你的演技很好,我觉得你太差了。"

此言一出,姜潮更是无奈地蹲下身尬笑。然而,就在众人屏住呼吸,尴尬地互相对视的时候,高情商的姜潮说出了这样一句话:"老师,以前只是看过我表演的一部分人说我演技差,现在全国人民都知道我演技差了。"一句话说得现场的人哈哈大笑,紧张尴尬的氛围也随即被打破了。

姜潮这种自嘲式的幽默用得恰到好处,在不得罪人的情况下,让自身无所适从的尴尬情绪得到最大程度的缓解。

海利·福斯第说过:"笑的金科玉律是,不论你想笑别人怎样,先笑自己。"美国社会学家麦克·斯威尔也说过:"在别人嘲笑你之前,先嘲笑你自己。"把自己当作嘲笑的对象,不仅可以消除紧张的氛围,缓解尴尬的情绪,还能更好地彰显自身的人格魅力。

当然,缓解尴尬的情绪除了自嘲式的幽默,我们还可以努力地把自己想象成一个旁观者。卡耐基梅隆大学的科学家们曾经做过这样一个关于情绪的实验:实验邀请了180名参与者,这些参与者需要观看各种不同的尴尬广告。在观看的过程中,科学家们发现那些自我意识强的人看到尴尬片段时都表现得局促不安,而那些自我意识没那么强的人,则表现得更加自然。

这也就是说,在遇到尴尬的情形时,如果自我意识没那么强烈,不把自己代入演员的视角,而仅仅把自己想象成一个旁观者,尴尬情绪就会缓解很多。

另外,当你的情绪处于尴尬状态时,你还可以像钢琴家波奇那样用一个玩笑轻松化解。

有一次,波奇去密西根州的福林特城演奏,到场之后,他发现现场的观众稀稀落落,竟然连一半都不到。巨大的落差感让他的内心充满了失望,脸上也微微透露着些许尴尬。

但聪明的波奇并没有让这些负面情绪一直持续下去,他灵机一动,随后站在舞台中央朝着下面的观众深深地鞠了一躬,从容地说道:"看来福林特真的是一个有钱的地方。"

观众被他的一句话说得满脸疑惑,大家你看看我,我看看你,都觉得不可思议。波奇缓缓地解释道:"因为我看见你们每个人都买了两个座位的票啊!"

一句玩笑话说得众人乐不可支,现场的氛围随即被点燃,而波奇的尴尬情绪也在众人的笑声中烟消云散了。随后,他用娴熟的技艺演奏出一曲曲动人心弦的音乐,赢得了在场所有观众的尊重和热爱。他这样的做法值得我们每个容易情绪失控的人学习借鉴。

当然,化解尴尬情绪,方式方法固然重要,不过也需要我们保持良好的心态,树立一定的自信心。如果没有自信,我们无法调动自己的大脑,在短时间内做出机智而灵活的应对方案。另外,面对尴尬时刻,如果你自信十足,显得一点都不慌乱,人们也会因为你的沉稳气质而对你另眼相看。

马骊给你划重点:

尴尬是我们日常生活中很普遍的一种情绪状态。自嘲式的幽默是缓解尴尬情绪的有效方法。另外,遇到尴尬的情形时,保持良好的心态,把自己想象成一个旁观者,巧妙地开一个玩笑,也可以帮助我们有效地走出尴尬情绪的困扰。

第四章
挖掘积极情绪的"宝藏"

积极情绪助你成功

抖音有一个名叫"大癌有大爱"的账号，使用者是一个癌症患者。那时的他已经进入了扁桃体癌症的晚期、肺鳞癌肝转移四期。但是他的精神状态依旧非常好，每次拍抖音都精神矍铄、笑意盈盈，根本看不出是一个在生死边缘徘徊的人。

他曾经在抖音里乐观地说道："除了病名严重外，我的状况与健康人没有区别。"平日里的他不是健身，就是游山玩水，就连做检查的时候都能在医院的大厅里翩翩起舞。

当然，正是因为有了这样健康的心态、积极的情绪，所以才使得他在与癌症的斗争中一次次反败为胜，创造着属于自己的生命奇迹。

人们常说，积极的情绪是一个人驶向成功的灵丹妙药。对此，我深以为然。根据心理学家们的研究，积极情绪不仅能增强人的记忆力，提升人的语言表达力，还能给人带来更多的资源，比如良好的人际关系、坚强乐观的心态。

积极情绪，顾名思义，即正性情绪或具有正效价的情绪，具体是指个体对待自身、他人或事物的积极、正向、稳定的心理倾向。按照人们所反馈的感受频率，积极情绪主要有以下几个（从高到低依次排序）：

1. 喜悦（joy）

2. 感激（gratitude）

3. 宁静（serenity）

4. 兴趣（interesting）

5. 希望（hope）

6. 自豪（pride）

7. 逗趣（amusement）

8. 激励（inspiration）

9. 敬畏（awe）

10. 爱（love）

这些积极的情绪不仅可以给我们带来极佳的体验，更能帮助我们保持身体健康。

中国人有一句俗语：笑一笑，十年少。愁一愁，白了头。它很精准地阐述了积极情绪与健康的关系,即良好的心态和情绪是身体健康的一剂良药。

积极的情绪不仅能带来健康,还能改变人的思维。一个拥有积极情绪的人往往能把坏想法转变成好想法,比如,下班路上出现严重的堵车现象,拥有消极情绪的人会垂头丧气地想:"好不容易能回家了,还堵在路上,真倒霉!"而拥有积极情绪的人则会这样想:"堵车了,我正好可以在车里休息一会儿。"

再比如,同样是下雨天,消极情绪的人会想:"老天爷真不开眼,我一出门它就下雨,这一下道路湿滑泥泞,搞不好会摔跤的。"而积极情绪的人则会想:"下雨也挺好的,下雨之后空气清新了很多,走在路上呼吸着新鲜空气,感觉真好。"

当然,积极的情绪不仅能改变我们思维的内容,而且还有改变思维的广度,拓展我们的视野,从而为我们未来的成功创造出更多的可能。

最后,积极的情绪还可以帮助我们抑制消极情绪,让我们能够更多地处在一个昂扬向上的状态之下。

一个拥有积极情绪的人并不是说没有难过、沮丧、紧张、恐惧的时候,而是他能够通过自身的驱动力,把这些负面的能量转化为正面的能量,在挫折中很快疗愈自己,从而活出一个更为成功的自己。

马骊给你划重点：

1. 按照人们所反馈的感受频率，积极情绪主要有以下几个：喜悦、感激、宁静、兴趣、希望、自豪、逗趣、激励、敬畏、爱。

2. 积极的情绪不仅能产生健康，还能拓展我们的视野，改变我们思维的内容和广度。所以，未来我们要想活出一个更为成功的自我，首先要做的就是挖掘自身的积极情绪。

不可忽视的六大人类基本需求

情绪是送信人,每一封信都来自我们的内心。如果你好好地收下这封信,理解并应对好这封信,送信人就会离开。相反,如果你关门不接待送信人,他就会一次次地不请自来,就像送快递一样:如果你没收到,他就得一趟一趟地送。如果你关着门,他就得敲门,甚至撞门。白天你不接收,他晚上还会再来——这就是为什么我们总在梦中见到一些我们并不愿意看见和接受的画面。

人的每种情绪都代表着一种心理需求,心理需求能否得到满足,决定着我们情绪的方向。而我们要想挖掘积极的情绪,就得先了解自身的基本需求。人有哪些基本的需求呢?

第一,生理需求。

社会学家马斯洛认为,人的生理需求是级别最低的需求,具体包括呼吸、水、食物、睡眠、性、生理平衡、分泌等,这些需求是人类赖以生存和发展的基本条件。如果这些需求（性需求除外）得不到满足，那么人类的生命就会受到威胁。

比如，当我们特别饿的时候，假设得不到食物，那么我们就没有多余的精力去做任何事情，更没有什么积极的情绪可言。只有获得足够的食物，填饱肚子，我们的心情才会好转。

第二，安全感的需求。

安全感是一种低级别的需求，具体包括对人身安全、生活稳定以及免遭痛苦、威胁或疾病等。人们一旦缺乏安全感，就会变得紧张彷徨，自暴自弃，根本没有什么积极情绪可言。

反之，当一个人满足了安全感的需求，他会变得温暖、友爱、仁慈、宽容、乐观、热情，并且其自我接纳和认同程度也很高。当然，充足的安全感势必也会给人带来稳定、积极的情绪。

第三，爱的需求。

每个人都希望得到他人的关爱，这种爱包括的内容很广，就像法国著名心理分析学家让·克罗德·里昂德所认为的那样，爱这个词是一个混合词，其中既包含了对自己的爱，又包含对子女的爱，对父母的爱，性爱，情欲，对真善美的爱。

如果对爱的需求得不到满足，那么我们的内心就是空洞的，情绪就是忧伤和孤独的。反之，如果我们能得到爱的滋养，那么我们就能感受到被重视和存在的价值，内心会无比温暖，情绪也必将是积极正面的。

在董卿主持的《朗读者》的节目上，演员袁泉讲述了一段她小时候异地求学的温暖故事：

那一年，袁泉还是一个小学四年级的学生，有一天学校来了几位老师，说是要给中央戏曲学校附中选一批代培小演员。后来，袁泉凭借着绝佳的天赋和丰富的舞台经验被选中了。不过，这也意味着小小年纪的她要只身前往北京求学。

刚进入戏校的两年被她称为是"最痛苦的两年"，因为那时的她腿比较长，在练基本功的时候，别人都能轻易完成的压腿、踢腿动作，她苦练许久都完不成。

在信里，她曾这样苦恼地跟爸爸妈妈"抱怨"过："最近整天垂头丧气，闷闷不乐。我很努力，老师却说我还不够刻苦，我听了心里非常难受，因为我觉得已经使出了自己最大的力量。不管怎样，我还是要更加刻苦，告诉你们我的腿离头只有竖着的两根手指那么远了，我争取在11月20号贴上……"

而她父母的回信是这样的："泉泉，做父母的理解你，心疼你。我们绝不会在你竭尽全力暂时达不到目标时，还要你去拼命。你要向老师讲清楚，说明右腿伤至今未好转。泉泉，切记，在挫折面前别气馁，要保持良好的情绪，振作起来吧。"

在长达七年的学习时光里，父母和她一共写了200多封信，每封信都包含着爱的叮嘱和亲切的鼓励。被爱滋养长大的袁泉自信、勇敢、温暖、坚强，活成了众人眼里的一束光。

第四，社交的需求。

社交需求，属于较高层次的需求，具体包括对友谊、爱情以及隶属关系的需求。当人们的社交需求得到满足时，会变得非常快乐，但是当人们参与不到社交中时，即被社交边缘化时，内心会非常痛苦。

心理学家马修·利伯曼曾经做过这样一个实验：他安排三个人一起玩虚拟的传球游戏。当游戏进行了一段时间之后，两个人不再给另外一个人传球，也就是说另外一个被排挤出活动。被排挤的那个人非常难过，结果他脑部活动的区域竟然跟人受伤时产生生理痛苦时脑部活化的区域是一样的。这也就是说，当人的社交需求得不到满足时，就跟生病了一样，情绪会非常低落。

第五，尊重需求。

每个人的内心都希望自己能获得别人的尊重。而这种尊重包括内部尊重和外部尊重。内部尊重是指一个人希望在各种不同情境中有实力、能胜任、充满信心、能独立自主。外部尊重是指一个人希望有地位、有威信，受到别人的尊重、信赖和高度评价。据马斯洛的研究表明，尊重需求得到满足的人一般会非常自信热情，具有正面积极的情绪。

第六，自我实现的需求。

自我实现需求，是最高层次的需求，具体是指人们渴望能实现自己的理想、抱负，在工作中最大限度地发挥出自己的才能，得到满足、快乐和安慰，充分实现自身的价值。当人的自我实现需求得到满足时，内心会充满一种成就感，情绪也变得愉悦快乐，自信且充满希望。

总而言之，人的情绪与其内心需求有着紧密的联系，当我们内心的基本需求被满足时，自然会激发积极情绪；反之，如果我们的基本需求得不到满足，那么消极情绪便会如影随形，从而严重影响到我们的生活质量。

马骊给你划重点：

1. 人的情绪与内心的需求有着紧密的关联，我们要想挖掘积极的情绪，首先需要了解自身的基本需求。

2. 人类的基本需求包括：生理需求、安全感的需求、爱的需求、社交的需求、尊重需求、自我实现的需求。我们只有满足了这些基本需求，积极的情绪才能被激活。

建立自我认同，挖掘积极情绪

在知乎上看到一位博主写下了这样的一段话：

"我是个很自卑的人，从小到大许多人都说我丑，导致我十几年来都不敢抬起头正视别人的眼睛。

"甚至于后来，别人一句无心的闲谈就可以让我想很多，然后更加厌恶自己。

"我感觉自己活在别人的评论之下，他们说我是什么样的，我就是什么样的。总是不自主地去想别人眼中的我，就比如我穿着好看的衣服，总是会想着这个衣服我穿出去别人会怎么看，就仿佛自己是世界的中心，全世界人的目光都会集中在我身上。

"我知道每个人都有自己的事，并不会注意到我。但我总是忍不住去想，小到每一件生活中的小事，大到各种比赛考试。而我的每一丝情绪都被想象中的评论影响着。

"每当我试着撤去一切有关外界的东西时,就会感到内心的空虚,情感的缺失,人生似乎都丧失了意义。

"很快,我又会用自己想象中的评价来填补自己的内心。

"我产生了一个问题:我到底是谁。

"在这个过程中,我感受不到'自我'的存在,就像是'我'并不存在于这个世界上,而是只有一个空壳一般地活着。

"这样的感觉真的十分难受。"

从字里行间我们可以看出,这位博主对自己没有一个较为清晰的认识,也无法客观地看待自己,只是依靠别人的评论来判断自己。很显然,这是缺乏自我认同感的典型表现。

缺乏自我认同感的人没有明确的人生目标,而且不相信自我的价值,对人际关系过分敏感,和人交流也没有自信。当然,这种低自信和低自尊的状态势必会影响到他的情绪,使得他一直处于失落、敏感、自卑的消极状态当中。

而要想改变这种现状,激发他们积极的情绪,首先就需要让他们建立自我认同感。只有自我认同感建立起来了,他们才不需要一遍遍地从别人的评价中判断自己到底好不好。

那么,具体应该如何建立自我认同呢?以下是一些可供参考的建议:

第一,分析自我,重新认识自我。

在人际交往的过程中,很多人都喜欢凭着第一印象给人贴标签,比如"内向""泼辣""粗心""土气"等。这些标签虽然有一部分符合客观事实,但是也有一些是凭借个人的主观判断胡乱猜测出来的,所以我们没必要把它们当一回事。在这个世界上,没人比你更了解自己,真正的你究竟是什么样子的,还需要客观认真地分析。

在自我分析的时候,你可以对自己的理想、优势、技能、阅历、思维、想法等做一个客观的评估,这样才能还原一个真实客观的你。

第二,建立自信。

对自己有了一个比较明确的了解之后,就是要建立起自信心。具体来说,就是删除消极的想法,用自我暗示的方法告诉自己"你一定行"。有了这种积极的自我暗示,你就有勇气挑战以前从来不敢尝试的事情。当你挑战成功之后,就会体会到成功的快乐,增加更多底气。而且有了自信之后,你会发现自我形象正在朝着积极的方向变化。

第三,允许自己犯错。

在心理学上,有这样一个有趣的发现:如果你担心某种情况发生,那么它就更有可能发生。人们把这种现象称之为"墨菲定律"。而要想打破"墨菲定律"的魔咒,我们首先要做的就是放平心态,

接纳自我，允许自己犯错，而不是在患得患失中任由自己跌落失败的深渊。

瓦伦达是美国著名的高空走钢丝表演者，他的技艺精彩而稳健，受到很多人的欢迎和追捧。不幸的是，在一次全美知名人士参加的重大表演中，瓦伦达失足身亡了。

事后，他的妻子表示自己已经预感到丈夫会出事了。因为在演出之前，丈夫曾经在嘴里不停地念叨："这次太重要了，不能失败，决不能失败！"这一次，他是真的失败了，而且付出了生命的代价。

为什么以前零失误的他在这次重大场合却栽了跟头呢？这是因为以前在表演的时候，他只在意走钢丝这件事本身，而不去管这件事可能带来的后果，他的注意力高度集中，所以没有发生过任何意外。但这一次，瓦伦达太想成功，不允许自己失败，导致他患得患失，太不专注于走钢丝本身，所以才发生了这次意外。

瓦伦达事件告诉我们一个道理：一个人越不允许自己出错，就越容易犯错。

俗话说，人非圣贤孰能无过。在成长的过程中，每个人都会犯错，犯错并不是一件多么严重的事情，只要犯了错知道改，那么你的人生还会有更多进步的空间。假使不允许犯错，一犯错就否认自己，那么你将失去很多探索的机会，错失很多成功的可能。

第四，改掉取悦他人的毛病。

网上有这样的一句话："当我们允许别人的需求比我们的需求更重要时，可能会伤害到自己，甚至可能伤害我们的各种关系。"取悦他人的做法虽然让别人获得了快乐，但却忽略了自己的需求和感觉。这种做法会让你感觉到沮丧，甚至没有尊严。而我们要想建立自我认同感，就必须改掉这样的习惯。

当通过以上这几种方式建立起自我认同感之后，我们就会觉得自己也是有价值的，也值得拥有更好的生活。当然，在这种积极思想的引导下，我们的正面积极的情绪自然也就被激活了。

马骊给你划重点：

1.建立自我认同是激活积极情绪的重要前提。一个人如果对自己都不认同，那么他势必会处于失落、敏感、自卑的消极状态当中，无法以积极乐观的心态看待周围的事物。

2.建立自我认同感，可以通过四个有效方式进行：分析自我，重新认识自我；建立自信；允许自己犯错；改掉取悦他人的毛病。

情绪自控力

心怀感恩,播种生活的"阳光"

感恩是积极心理学中一个重要的特质,更是一种处事的哲学和生活的智慧。著名的心理学家马丁·塞利格曼经过一系列的研究发现:练习感恩是一种简单易行的,能够持续提升幸福感的方式。换句话说,练习感恩能帮助人们缓解焦虑、抑郁等情绪,同时能给大家带来平和、喜悦、幸福等积极情绪。

美国总统罗斯福家里不幸遭了贼,盗贼偷走了很多东西。朋友知道这一情况后,赶紧写信安慰罗斯福,而罗斯福的回信里却这样写道:"朋友,谢谢你来信安慰我,我现在还好,并不是很沮丧,并且我还很感谢上帝,首先,小偷只是偷了我的东西,没有伤害我的生命;其次,小偷偷的只是我的部分东西,而不是全部;最后,庆幸那个小偷是他,而不是我。"

对于任何一个人来说,东西被偷肯定是一件非常难过沮丧的事

情,但是对于心怀感恩的罗斯福而言,却能把一件坏事往好的方面想,这是一种非常重要的能力。有了这种能力,人就找到了幸福的源泉,也就有了开心快乐的理由。

换句话说,因为心怀感恩,所以思想也朝着积极乐观的方向发展,最后人生之路越走越宽,情绪也随之变得积极乐观起来。内心充满感恩的人,不仅有能力让自己变得快乐,还能播撒生活的"阳光",让周围的人也变得温暖快乐。

2021年3月,一则"老人去世前点外卖感谢公交司机"的消息登上了微博的热搜榜单,随后这则消息也被央视新闻转载,获得了快速的传播。数以万计的网友看完老奶奶的故事之后,感动得热泪盈眶。

据悉,这位老奶奶是山东淄博的一位老人,老人在日常生活中有坐89路公交车去公园遛弯的习惯。而89路车的司机每次碰到老奶奶,都会主动上前帮扶一把,有的时候老人手里提着东西,他也会顺手为老人分担一下。

对此,老奶奶万分感激,但是不知道该如何报答,后来老奶奶学会了用手机点餐,于是就不断地点餐送给司机师傅。今天水饺,明天卷饼,后天蛋炒饭,一份份热气腾腾的饭送到了司机师傅的手里,司机师傅吃着老人送来的午餐,内心也充满了感动,他很想当面谢谢这位一直默默照顾他的老人,但老人却不想透露姓名,只想默默做这一切。

突然有一天,司机师傅收到了老人的一段留言:"这是我最后一次给你点外卖了,过几天就要动手术了,不知道能不能挺过这一关,真的由衷地感谢你。"

司机师傅收到信后很想过去看看老人,但是通过各种渠道都没有找到她。

3月3日,司机师傅又收到了老人送来的一份肉松饼,备注写着:"当你读到这些文字的时候,我已经离开这个世界了,在我生命的最后,我还是做了自己想做的事情,没有留下遗憾。"

3月4日,司机师傅再一次收到一杯奶茶,但这次是老人的女儿点的,她通过外卖骑手再次表达了对公交师傅的感谢:"我是老人的女儿,这杯奶茶是送给89路公交车司机的,老人已经离开了,感谢他们的帮助,希望这份奶茶包装好一点,老人临终前不想透露家里所有的信息,只想默默无闻地做这一切。"

很多人都被这个温暖的故事感动得泪流满面。一个内心充满感恩的人,就好像是一束光,能让人们获得爱的滋养,也能帮助我们收获更多爱与喜悦的能量。相反,一个不懂得感恩的人,其内心极度自私冷漠，他的生活里没有阳光，也体会不到积极和快乐的情绪。

有这样一个寓言故事：有两个人过世后，一起去见了上帝。上帝见他们又饥又渴，就分了一些食物给他们。其中一个人说了声"谢谢"，另外一个人则一声不吭地吃了起来。后来，上帝让那个说"谢谢"的人进了天堂，另外一个下了地狱。被贬下地狱的人表示不服："我不就是少说了一个'谢谢'吗？为什么我们的待遇差别这么大？"

上帝解释道："你不是没说'谢谢'，你是没有一颗感恩的心，而上天堂的路正是用感恩的心铺成的，天堂的门只有感恩的心才能打开，而下地狱则不用。"

这个故事很简短，却有很强的警醒作用。最后，愿我们每个人都能心存善意和感激，这样我们才能收获生活中的一份纯粹和美好。

马骊给你划重点：

1. 心怀感恩的人，思想也会朝着积极乐观的方向发展，最后人生之路越走越宽，情绪也随之变得积极乐观起来。

2. 心怀感恩的人不仅有能力让自己变得快乐，还能播撒生活的

情绪自控力

"阳光",让更多的人获得爱与喜悦的能量;反之,一个自私冷漠,不懂感恩的人,他的生活里就没有阳光,自然也就体会不到积极情绪带来的温暖和快乐。

格局大一点，快乐多一点

1754年，美国弗吉尼亚州举行了一次选举大会，作为候选人的华盛顿在此次会议上和一个名叫威廉·佩恩的议员因为一个小问题发生了争执。

华盛顿一时失口，骂了威廉·佩恩几句。暴脾气的威廉·佩恩哪里经得起这样的侮辱，举起拳头就把华盛顿打倒在地。

这时，华盛顿的部下看到自己尊敬的上司受到这样严重的冒犯，心里很不痛快，于是集合起来打算教训一下威廉·佩恩。华盛顿见状，急忙阻止了他们，并把他们劝说了回去。

第二天，华盛顿派人给威廉·佩恩送了一张纸条，纸条上写着要威廉·佩恩尽快到一家酒店见面。威廉·佩恩心想：完了，前天的梁子算是结下了，他这次邀请我肯定是要跟我算账的，搞不好双方还得来一场决斗。

然而到了酒店之后，威廉·佩恩彻底傻眼了，因为等待他的竟是一桌丰盛的饭菜。只见华盛顿站起身来，一脸歉意地说道："威廉·佩恩先生，我昨天犯错了，不小心辱骂了你，不过你也以自己的方式回击了我，如果你觉得这件事情可以两清了，那咱们就握个手吧。"

威廉·佩恩见状，激动地紧紧握住了华盛顿的手，二人开始愉快地聊天。而威廉·佩恩也因为佩服华盛顿的气量转而成了华盛顿的追随者和拥护者。

人们常说，格局是一个人认知世界的宽度，对待事情的深度。一个有格局的人无论是对待事业，还是爱情，抑或是友情总能保持一种非常豁达的精神。他们志向高远，度量宽广，遇事总能保持一颗平和的心态，不会事无巨细地跟人争强好胜。当然，也正是因为他们看得开，想得远，不过多地纠结眼前的得失，所以他们的身上没有怨天尤人的戾气，更没有失去之后的惊慌失措以及痛苦脆弱。

就像上面案例中的华盛顿一样，尽管在双方发生冲突之后，他被对手打倒在地，颜面尽失，但是格局远大的他，胸中自有丘壑，眼里全是大方向和大策略，从来不把眼前的自我得失放在心上，所以他的内心没有受辱后的愤怒，也没有被鸡毛蒜皮的小事所烦恼。

反过来，如果一个人格局不够，那么他常常会一叶障目，痛苦不堪。

张惠是某文化公司的一名资深编辑。这一天，她正在为即将到来的职位晋升举家欢庆。让人意外的是，她刚刚庆祝完，领导就宣布另外一位同事接替了她原本应晋升的位置。

得知结果的张惠郁闷极了，愤愤不平地跟家里人说道："刚刚上任的女孩才来公司多久啊，这次老板能破格提拔她，一定是徇私，说不定当初那个女孩进来的时候就是靠老板的关系进来的。"心疼女儿的妈妈不了解实情，也跟着张惠一起埋怨老板。

一旁的爸爸头脑异常清醒，他耐心地问张惠："老板提拔一个人，肯定有他的道理。除了徇私的可能，你再好好想想，这个被提拔的女孩有没有什么过人之处，比如能说会道，非常懂得如何跟别人交流；再比如业务能力出众，可以高效完成任务；还比如，她特别有想法，可以给老板提供一些好的点子……"

听了爸爸的分析，张惠沉默地低下了头，过了好一会儿才说："的确，我虽然比她来得早，但是某些方面，我的能力确实不如她。"说完，张惠失落的情绪一扫而空了。

有人说：你之所以痛苦，都是因为格局不够。这句话放在张惠身上再合适不过了。张惠之所以闷闷不乐，是因为她对问题看不穿，想不透。经过爸爸的点拨，她的眼界格局有了进一步的提升，心情也跟着好了起来。

从上面两个故事中，我们可以看出，一个人的格局可以决定他的情绪正面与否。所以，我们要想拥有更多的快乐，就需要不断提升自己的格局，拓宽自己的视野。那么具体应该如何提升呢？以下是几个实用的建议：

第一，多读书，提升自己的认知水平。

一个人的知识面越狭窄，越容易鼠目寸光，计较眼前没有意义的事情。要提升格局，拓宽眼界，最有效的方法就是多读书，多思考，从一些社会、人性、经济、历史类的书籍中提升自己的认知水平。

认知水平提高了，视野就拓宽了，紧跟着你的关注点也会从生活中鸡毛蒜皮的小事，转移到与自身价值有关的更有意义的大事上。

第二，懂得换位思考，站在更高的层面看问题。

三国时期，有一个名叫蒋琬的人非常注重道义且心胸宽广，蜀国人为此对他心生敬佩。

蒋琬的手下有一个官吏叫杨戏，此人平时少言寡语，性格怪异。有一天，蒋琬来视察工作，众人皆起身相迎，唯有杨戏格格不人，照旧伏案工作。蒋琬上前和杨戏说话，但杨戏只应不答，看起来非常冷淡。

有人看不下去了，愤愤不平地对蒋琬说："杨戏简直太不像话了，他根本没有把您放在眼里，必须严惩啊！"

蒋琬听了笑着说道："人嘛，都有自己的脾气性格，杨戏虽然没有起身相迎，但这也总好过那些曲意逢迎、溜须拍马的人。他没有当场迎合我，应该有他的理由，如果让他违心地做一些自己不认同的事情，那倒是为难他了。"

故事中的蒋琬气度非凡，能站在杨戏的位置上替他说话，这样的包容度本身就是一种难能可贵的品质。他在善待他人的同时，也彰显了自己的格局。后来，人们用俗语"宰相肚里能撑船"来赞扬蒋琬的胸怀和大度。

第三，走出狭窄的环境，去领略外面更宽广的世界。

在心理学上，有一个专业名词叫"投射效应"。它指将自己的特点归因到其他人身上的倾向。在认知上，他们假设想象别人与自己拥有相同的属性、爱好、情感等。比如，一个攻于心计，城府极深的人不管看见谁，都觉得对方满肚子阴谋和算计。其实，说到底还是格局太小，想法太偏激。要想打破"投射效应"，我们要做的就是走出窄仄的环境，开阔自己的眼界。

看到的风景不一样,自身的格局也大不相同。当我们看得多了,见识得多了,就能打破思维的局限性,从而拥有更为广阔的视野和格局。

总而言之,格局大的人,有眼界,有气度,站得高,望得远。既能忍得下常人无法忍受的痛苦,又懂得包容,不容易被小事影响自己的情绪。他们这种豁达洒脱的优秀品质值得我们每个人学习借鉴。

马骊给你划重点:

1.一个有格局的人总能保持一种豁达的精神,秉持平和的心态,不过多地纠结眼前的得失。当然,他们也因此收获了积极乐观的情绪和奋发向上的人生。

2.一个人要想提升自己的格局,既需要通过读书来提升自己的认知水平,也需要学会换位思考,站在更高的层面上看待问题。另外,走出狭窄的生活和工作环境,领略外面更宽广的世界,也有利于提升我们的眼界和格局。

学会换位思考，让你的心情多云转晴

在心理学上，有这样一个概念：同理心，亦译为"共情""共感""设身处地理解"。它泛指心理换位，将心比心。具体是指设身处地地对他人的情绪和情感的认知性的觉知、把握与理解。一个有同理心的人懂得换位思考，能站在他人的立场上思考问题，也能理解他人的思想和感受，更能明白他人那样做究竟是为了什么。

当然，正是因为有这份难能可贵的懂得，所以才学会了宽恕；而有了宽恕之后，我们之前对他人的不解和愤怒情绪也会悄然消散。

飞飞是一个在单亲家庭长大的孩子。她的妈妈脾气暴戾，动不动就扯着嗓门骂她，有时候还会动手打她。

不过打归打，骂归骂，妈妈疼起她来也毫不含糊。上学时为了给她买一个平板电脑，妈妈硬是让自己连着吃了好几个月的馒头和咸菜。还有一次，飞飞生了很严重的病，妈妈为了筹钱给她看病，一天打三四份工，每天只睡三四个小时，瘦得都脱像了。后来，飞飞大学毕业，也成了家，妈妈的日子才算好过一点。

这些年妈妈的养育之恩飞飞一直铭记于心，不敢忘怀。然而，她内心深处对妈妈也还留有一些怨恨。

在飞飞小的时候，妈妈对她经常是各种指责谩骂，好像她做什么都是错的。这导致她如今的性格非常软弱，总是以各种低姿态和人交流，即使如今成了家依旧生活得小心翼翼，生怕一不小心说错话得罪人。

所以每每想到这儿，她对妈妈的怨恨之意就会涌上心头。

不过这样的心结在她生孩子之后突然就解开了。因为当自己成了妈妈之后，她才发现一手家务、一手孩子、一手工作对于一个女人而言简直是一个天大的挑战。家里经济的压力让她不得不在家做着兼职，而嗷嗷待哺的女儿一切的吃喝拉撒又需要她亲自料理，好不容易安抚完女儿，一大堆家务又等着她去打理。

这一切琐碎忙完之后，早就累得头晕脑胀了，本想着在床上躺一躺，结果女儿又哇哇大哭起来。此刻的她彻底崩溃了，脑袋里好像除了熊熊燃烧的怒火和骂人的冲动外什么都没有。

这一刻她彻底明白了妈妈这么多年来所受的苦楚，明白了妈妈的怒气究竟从何而来。当然，在换位思考的过程中，她发现自己对母亲怨恨的情绪早就消失得无影无踪了，取而代之的是浓浓的感恩之情。

从这个故事中，我们可以获得这样一个启示：我们的负面情绪很多是因为自己的无知造成的，假如我们能够换位思考，那么一定不会生发出这么多的怨恨情绪。换句话说，要想激发我们身体内更多积极正向的情绪，就需要我们有一颗悲悯的心，能设身处地地为他人着想。

那么在日常生活中，我们怎么做才能真正学会换位思考呢？其中最重要的一点是能够下意识地思考对方的核心利益。

人生在世，谁都在乎自己的核心利益。这些利益既包括金钱物质，也包括思想情感。这是我们安身立命的根本所在。

当你在和一个人交往时，如果发现他的一些言行举动让你很费解，甚至有些反感，不妨站在他的位置上考虑一下，这样你瞬间就能理解他的所作所为了。

比如，一个买菜的女人为了能便宜两毛钱和摆摊老板争得面红耳赤。刚开始看时，你的内心多少会有点鄙夷，觉得为了一两毛钱至于吗。但是，如果你能进入她的角色，想一下她可能为了能给孩子提供更好的物质条件，在生活的开支上斤斤计较时，你的内心一定会充满着感动的情绪。

当然了，换位思考除了要考虑对方的核心利益，还要有一颗悲天悯人的心，能不以自我为中心，真正做到客观公平。这样你才能在换位思考中，多一点理解，少一点怨怼，多一份正面情绪，少一份负面情绪。

马骊给你划重点：

1. 换位思考是一个非常重要的能力。一个懂得运用换位思考的人，能站在他人的立场上思考问题，也能理解他人的思想和感受。当然，正因为多了一份了解和懂得，就会少一份怨念和愤怒。

2. 要想培养自己换位思考的能力，首先我们需要有一颗悲天悯人的心胸，能够不以自我为中心，真正做到客观公平，另外还需要我们多从他人的核心利益考虑。

多一分简单，就多一分快乐

人是一个拥有七情六欲的高等动物，人们在自身欲望的支配下可以更加积极努力地工作，从而过上更为优质的生活。这一点无可厚非。但是，人的欲望应该有一定的限度。如果你把握不好，让欲望泛滥，失去本性，那么你以后的生活就没有幸福可言了。

比如，你有一辆性价比很高的二手车，平时开得很舒服，很自在，但是有一天看到有人开着一辆宝马车，看上去风风光光的，于是你的内心就不舒服了，在欲望的驱使下，你也想要拥有一辆同等价值的车。

再比如，你的孩子本来性格活泼，乐于助人，积极向上，人见人爱，对此你很满意，但是突然有一天发现闺蜜家的学霸孩子考进了清华，人家呼朋唤友，举家欢庆，这时你看着成绩平平的孩子，心里很不是滋味。

一个人想要的越多，就越不容易获得幸福、快乐的情绪。如果你一味地受欲望的操控，那么你会发现，不管你怎么挣钱，钱永远是不够花的，不管你拥有什么样的房子、车子、衣服，这个世界上都会有与之对应的更高档次的东西。这样一来，你永远都会沉溺在消沉、失望、痛苦的情绪中。从心理学的角度来看，一个不快乐的人，其内在结构是由许多"精神垃圾"建构起来的。而要想重获快乐，那就得勇敢丢掉这些"精神垃圾"。

罗曼·罗兰曾经说过："一个人如果能经常让自己维持像孩子一般纯洁的心灵，用乐观的心情做事，用善良的心肠待人，光明坦白，他的人生一定比别人快乐得多。"

诚然如是，一个人要想获得更多积极情绪，其实只要像孩子那般，单纯一点、简单一点就可以了。具体来说，你可以让自己的物质要求简单一点，社交圈子简单一点，婚姻生活简单一点，这样你就会收获更多实实在在的快乐。

第一，物质极简。

从前，有个人在河边散步，看到一个渔夫正在一旁悠哉悠哉地捕鱼，于是就凑过去问渔夫：你一天捕鱼大概要花多长时间？渔夫回答：一两个小时吧。这个人不解地问道："你为什么一天不多捕一点呢？现在过得辛苦点，等老了以后就能颐养天年了。"

渔夫自得地说道："我现在就过得挺轻松的呀，每天既能捕鱼，又能陪着孩子晒太阳，这不就是在颐养天年吗？这样的好日子，我为什么要等 20 年以后再过呢？"

从这段对话中，我们可以看出渔夫对自己的现状非常满意，也非常快乐。因为他对物质没有过多的要求，所以不会像路人建议的那样花一整天的时间获取物质财富，当然也正是因为这一点使得他拥有更多轻松愉悦的亲子时光。反过来讲，假使他被物欲所累，一整天都把心思花在如何获得更为丰厚的物质上面，那么他一定会累得气喘吁吁，没有任何幸福感可言。

第二，社交至简。

以前年轻的时候，总觉得朋友越多，路越好走。但是随着年龄越大，我们会发现认识的人多了也不一定是一件好事，因为人越多，你越没有精力去维护，而没有用心经营的关系，只不过是点头之交。由于大家的圈子不同，就算你真遇到困难也不好意思跟人家开口。

其实，人脉圈子不需要太广、太杂，过滤掉生活中那些无用的社交，只留下三五好友，彼此之间相互交心，坦诚相对，互帮互助，其实就已经很好了。

第三，婚姻至简。

当你步入婚姻殿堂之后，就会发现在平凡的日子里没有那么多轰轰烈烈的大事发生，有的只是简简单单的柴米油盐。两个人只要你对我好一点，我对你好一点，遇事不要计较那么多，简简单单的，就不会有那么多的烦恼。反之，如果双方在经济的支配权上吵吵闹闹，或者对对方的缺点斤斤计较，抑或是太过计较谁付出的多，那么双方势必都快乐不起来。

第四，事业至简。

钱钟书的《围城》一书出版后，轰动了国内的文坛，他的名气也随着作品一下子火了起来。这时，有全国各地的很多朋友都想登门拜访他，但都被他拒绝了。他曾幽默地说道："假如你吃了一个鸡蛋觉得不错，何必认识那下蛋的母鸡呢？"

后来，美国普林斯顿大学想邀请钱钟书过去授课，给出的酬金是12节课16万美元。这在当时无疑是非常丰厚的待遇，钱钟书还是毫不犹豫地拒绝了。他说："我一切快乐的享受都属于精神。"

这一刻的钱钟书不仅仅是一位文学的巨匠，更是精神的巨人。虽然书迷的追捧、名校的邀约可以让他的事业再上一个高度，但是他都拒绝了，他把自己的事业看得简简单单，只求在争名逐利的世界里丰盈自己的内心，所以他才收获了更多精神世界的快乐。

《老子》说:"大音希声,大象无形。"越是高级的东西,越是简单。同样的道理,一个人的内心越是简单,越不容易被负面情绪所累。最后,愿我们每个人都能在余下来的日子里,淡泊物欲,丰盈内心,享受极简带来的快乐。

马骊给你划重点:

1. 一个人想要的越多,就越不容易快乐。反之,一个人的内心越是简单,越不容易被欲望操控,被负面情绪所累。

2. 一个人要想快乐起来,不妨让自己的物质要求简单一点,社交圈子简单一点,婚姻生活简单一点,这样他就会收获更多实实在在的快乐。

抛弃"受害者思维",方能破局重生

现实生活中,很大一部分人都有这样一种心理,遇到一些生活的沟沟坎坎,总觉得命运待自己不公,自己职位低、待遇少、上班累等也都归罪于他人或者客观环境,唯独不懂得反思自己的问题。在他们看来,自己就是命运的弃儿,随时都会被他人算计,被命运抛弃。在心理学上,这种心态叫"受害者心态",它是一种自我防御机制,把一切的不快乐和不幸都归咎于外人,目的是让自己获得同情和安慰。在这种受害者思想的操控下,他们整天怨气冲天,心态消极,情绪低落,日子过得很不快乐。

日本禅僧小池龙之介在《别生气啦》一书中这样写道:生活中,我们常常会觉得自己是受害者,如果一旦装受害者久了,习惯了这样的生活,只要遇到一点点不如意的事,立马就觉得自己受伤了,然后便去责怪自己的爱人。

第四章 挖掘积极情绪的"宝藏"

的确，人们一旦有了这种受害者心理，就会陷在被伤害的感觉里无法自拔，与此同时，悲伤自恋、怨恨仇视等负面情绪也会紧紧地缠绕着他们，严重降低我们生活的质量。

小英结婚两年了，最近她有一种想离婚的冲动。在谈及离婚的原因时，她认为过错全在丈夫一人身上。

结婚前，丈夫对她宠爱至极，百依百顺，什么脏活累活都不让她碰，生怕她受一点累。婚后，丈夫忙于工作，对她渐渐疏远了，忙的时候连一句话也说不上。即便丈夫如此忙碌，家里的生活依旧过得紧紧巴巴，孩子的奶粉、尿不湿都挑便宜的买。而她自己更不用说了，每天早起晚睡，左手家务，右手孩子，累得身心俱疲。

更让她伤心的是，已经为家里做了这么多的贡献了，自己却连一件新衣服都不敢多买，也好长时间没花钱打理头发了。

小英看见自己的落魄模样，再看看别的宝妈打扮得光鲜亮丽，内心充满了怨恨，恨老公没能力，赚不来更多的钱，给她们娘俩提供优渥的生活；她恨老公不体贴，让她承担了家里所有的事情；她恨婆婆长期缠绵病榻，不帮忙带孩子；她恨命运不公，让她年纪轻轻就被生活折磨得人老珠黄。

她觉得所有一切的不幸都是老公害的，所以日日跟老公闹别扭，而老公本来就被工作折腾得心力交瘁，没有精力跟她争辩，大多时候都是沉默以对。

看着默不作声的老公,小英更是气不打一处来,她恨恨地对老公说道:"我如今变得如此暴躁,如此不堪,都是拜你所赐。我把最好的青春都给了你,为你生儿育女,为你洗衣做饭,你就是这样对我的吗?你看看我现在过的是什么日子,你睁眼看看,我这命到底有多苦啊!"

老公也很委屈,外面的工作不好做,他的压力也不轻,妻子还这样无理取闹,他的内心也非常崩溃……

从这个故事里,我们可以看出:小英就是典型的"受害者思维",她把自己当作受害者,理直气壮地把一切不好的事情都归罪于老公和婆婆,从来也不体谅老公的不易,只知道不停地抱怨,最后夫妻矛盾越来越多,感情也渐渐分崩瓦解了。

这样的受害者思维要不得!作为一个理智的成年人,即便是生活让你困难重重,即便家庭经济拮据,也不应该用顾影自怜和责备对方的方式去应对。

如果你也保持着一个受害者的心态,感觉命运对自己不公,那么建议你从以下几个方面调整自己的状态:

第一,不要抓住自己不好的想法和感受不放。

每个人的婚姻都会有心酸的感受。但我们不要刻意抓住这种不好的感受不放。

如果你长期把自己局限在这种不好的情感体验里面，一次次地自怨自艾，那么你就会让自己的思维禁锢，从而不去思考有效的解决办法。没有行之有效的解决办法，你依旧会被这些问题困扰着，最后陷入一个"自怜—埋怨—困扰"的恶性循环当中，无法自拔。

第二，要及时进行自我反省。

有些人在职场里熬了很长时间都没有升迁，但是突然有一天，领导却把一个升迁的机会让给了资历尚浅的新同事。这个时候，他们的内心就不平衡了，在"受害者思维"的影响下，他们会一味地埋怨领导不公正。

其实，领导之所以不愿意提拔他们仅仅是因为他们不思上进，效率低下，无法给公司带来更好的效益。而领导愿意提拔新同事，是因为他年轻有干劲儿，想法有创意，能为公司带来更多的利润。假使这些人能有一定的自省精神，就不会认为领导在徇私舞弊，滥用职权了，当然更不会因为自己的落选而心怀怨恨。

第三，要有积极乐观的心态。

在我们的学习工作中，难免会听到一些批评和指责的声音，这个时候如果你是受害者心态，那么就会觉得人家是针对你的，专门看你不顺眼。其实很多人对你提出质疑，大多是对事不对人，这个时候大家就不要怀揣着消极的想法去毫无根据地想象和联想了。如果你的心态能够积极一点，看到别人的立场和原则，也许就会少一些悲伤的念头，多了一分从容和快乐。

总而言之，受害者思维会让人变得沮丧、消沉、愤懑，负能量满满，而我们要想改变现状，做回更快乐的自己，一定要有自我改变的决心，转变自己的思维，调整自己的心态，客观公正地看待这个世界，这样我们才能跳出"受害者"的束缚，重启自己的美好人生。

马骊给你划重点：

1. 受害者思维是我们构建积极情绪的绊脚石。人们在受害者思维的操控下，会怨气冲天，心态消极，情绪低落，日子过得很不快乐。

2. 如果你不想被"受害者思维"所裹挟，那么就不要抓住自己不好的想法和感受不放，另外要保持积极乐观的心态，及时进行自我反省，这样我们才能更客观公正地看待这个世界，从而收获更多积极正向的能量。

第五章
做情绪的掌舵人

关键三步，阻止你的恶劣情绪蔓延

2012年3月27日，福州市一位35岁的张先生从朋友那儿打完麻将准备回家，他通过滴滴打车软件叫了一辆网约车。由于当时的时间是凌晨两点，而打车的账号绑定的手机卡在张先生父亲手中，为了不影响家人睡觉，他特意通过平台叮嘱司机不要拨打电话。不过不凑巧的是，接单的司机到达指定地点后，张先生还没有到，于是司机就按照流程随手拨通了那个电话。

正是这个电话导致二人后来发生了激烈的争执。张先生指责司机打电话吵到了他熟睡的家人，而司机也不以为意，并没有为打电话的事情道歉。双方互不让步，矛盾不断升级，张先生一怒之下取消了订单，扬言要投诉接单司机，并且下车后的他因为气不过，还把手中的饮料瓶砸向了司机的车窗。

这个动作彻底激怒了接单司机，忍无可忍的他直接调转车头，狠踩油门，撞向了张先生和他的女友。瞬间，张先生和女友在汽车的强大推力下飞了出去，但是司机仍然怒气未消，倒车再撞，一共撞了三次才罢手。张先生不幸去世，司机也被逮捕归案，等待他的将是法律的严惩。

在这一事件中，双方素昧平生，无冤无仇，但他们仅仅因为一点点小事就情绪冲动，共同造成了一场大祸，何其悲哀！假使当时张先生能控制一下自己的愤怒情绪，不要对司机一而再再而三地挑衅，就不会付出生命的代价。又或者司机看到张先生的挑衅能把心中的怒火压一压，也不会让后来的自己身陷囹圄。

这个血淋淋的事件告诉我们一个道理：控制情绪是每个成年人应有的能力，如果你不能阻止自己的恶劣情绪蔓延，不能迅速地把情绪脑转化成理智脑，那么很可能酿成遗憾终身的祸事。

而我们要想控制情绪、做情绪的主人，首先就得让自己在负面情绪引爆之际，努力冷静6秒。据心理学家的研究表明，当负面情绪爆发6秒钟以后大脑中产生情绪的边缘系统才能与理性思考的脑皮质成功链接，这样人们才不会意气用事，做出一些情绪化的过激举动。

那么，在这6秒的黄金时间内，我们怎么做才能控制自己的情绪，怎么样才能阻止负面情绪的炸药包被引燃呢？下面介绍三个非

常实用的步骤:

第一,提前识别自己的情绪。

每个人都有自己的情绪敏感点,比如有的人体型肥胖,因此很介意别人说他吃得多或者体型壮一类的话题;有的人个儿低,因此很介意别人聊身高一类的话题。如果在人际交往的过程中,有人无意间说出来的话直戳我们的痛点,那么我们的负面情绪可能随时会被引爆。

不过在引爆之前,我们需要对自身有一个充足的了解,明白自己的情绪敏感点到底在哪里,一旦被他人不小心引爆,第一时间一定要察觉自己的情绪。只有我们识别到自己的情绪,才能为下一步控制情绪做好准备。

第二,坦诚地接纳自己的情绪。

人非圣贤,孰能无过。生而为人,我们每个人都有被情绪左右的困扰时刻,这个时候不要刻意回避情绪,更不要要求自己成为圣人。当不良情绪来临时,坦然接纳我们的真实感受,用心体会自己的悲伤、愤怒、嫉妒等到底是一种什么样的感受,然后找到情绪失控的原因,从源头上思考解决问题的办法,这样才是应对情绪失控的理智态度。

第三,给你的负面情绪按下暂停键。

如果你内心有太多的负能量需要宣泄，那么不妨让自己在作出行动之前先冷静6秒，在这6秒之内不要想任何事情，只要做几个深呼吸，6秒一过，情绪化的反应便没有那么强烈了，脑部的成功链接也会让你做出更多理智的思考，这样负面情绪就会得到有效的控制。

学会控制情绪是一个人成熟的重要标志。当我们遭遇挫折和危机的时候，悲伤、愤怒、忧愁、抑郁等恶性情绪便会纷至沓来，此时我们就需要利用上面提到的一些方法和步骤，将这些负面情绪及时地扼杀，从而避免过激的举动带来伤害。

马骊给你划重点：

1. 控制情绪是每个成年人都应该有的能力。当负面情绪来临时，请先冷静6秒，让你的情绪脑转化为理智脑。

2. 提前识别自己的情绪，坦诚地接纳自己的情绪，给自己的负面情绪按下暂停键，是阻止负面情绪蔓延的关键。

ACT 疗法，助你轻松打赢这场心理战"疫"

你相信一个饱受心理疾病折磨的人，最后能逆风翻盘成为一位有名的心理学家吗？如果不信，那么我可以带你了解一个叫作斯蒂文·海耶斯的男人。

斯蒂文·海耶斯（Steven Hayes）在很早以前就患有较为严重的心理疾病，具体来说就是惊恐情绪反复发作。当他第一次以北卡罗来纳州立大学助教的身份参加一场会议时，就因为战胜不了恐惧情绪彻底失声。尽管那时他把嘴巴张得很大，但依旧说不出一句话来。

后来，他的惊恐情绪愈演愈烈，不仅无法在公共场所正常发言，就连给学生放投影仪也无法完成。

那么，这样一个"病入膏肓"的人又是如何彻底痊愈，继而成长为一名优秀的心理专家的呢？这一切都得益于其自创的情绪疗法："接受与实现疗法"（acceptance and commitment therapy，简称ACT）。

ACT疗法在治疗上瘾症、癫痫病、抑郁症等精神类疾病方面都取得了不俗的成绩，所以逐渐被越来越多的人认可。目前，它已经是继行为疗法、认知疗法后，美国兴起的第三波心理疗法。

了解完ACT疗法的强大功效之后，我们接下来进一步探讨一下它的具体操作步骤究竟是什么样的。一般来说，采用ACT疗法进行情绪治疗，可以按照以下步骤来实施：

第一，接受现实，坦然承认自己的负面情绪。

在生活中谁都会有一些不良的情绪，如果我们一味地要求自己将这些负面情绪压下去，努力让自己做到"喜怒不形于色"，那么久而久之，这些负能量积累到一定程度就会像火山一样爆发出来。

平时大大咧咧的女孩敏敏突然得了抑郁症，这个消息让大家都感到非常吃惊。因为从出生起就赢在起跑线上的人，怎么可能会得这种病呢？

从小敏敏就被大人教育要乖巧懂事，因此在众人的期待下，她不敢表达自己的情绪和需求。她曾说过："我从来不生气，但其实我是会生气的。"一句话道出了其患抑郁症的根源。是啊，正是由于情绪的压抑才导致她生了一场精神疾病。

压抑自己的负面情绪会给自身带来很大的伤害。所以，当负面情绪来袭时，我们最理智的态度就是坦然接受，就像斯蒂文·海耶斯倡导的那样："人总是会遭受痛苦，那些痛苦的人不要跟负面情绪作斗争，而是将其作为生活的一部分来接受。"

接受现实，接受我们人生中的负面情绪，然后集中精力来寻找自身的生命价值。

第二，重新审视自己的处境，积极寻求人生的更高价值。

当你坦然接受了焦虑、烦躁、抑郁等消极情绪的存在，你就能与这些负面情绪和平相处。当然，此时的你不再被这些负面情绪所影响，而是腾出更多的时间与精力来思考人生更有意义的事情。就像斯蒂文·海耶斯所说的那样：一旦人们愿意接受消极的情绪，就更容易找到生命的真正价值，并坚持向这个方向发展。

改变身心状态，探索人生的价值所在，然后在价值的指引下采取有效的行动是ACT疗法中最为重要的步骤和核心的内容。

总而言之，这种主张拥抱痛苦，接受"幸福不是人生常态"的现实，然后再建立和实现自己价值的疗法对负面情绪的缓解有很好的作用。如果你目前正处在负面情绪的沼泽之中无法自拔，那么不妨用斯蒂文·海耶斯的方法疗愈一下自己。

马骊给你划重点：

当我们被负面情绪所困扰的时候，不妨采用ATC的情绪疗法帮助自己恢复积极的心态。具体来说，我们首先要主动正视、承认、接受自己的消极情绪；其次，在坦然接受的基础上进一步创造更大的自我价值。

情绪自控力

情绪色彩疗法：给你阴霾的心情涂上一抹亮色

民谣音乐人顾悦有一首歌，歌词是这样的："我的忧伤是蓝色的，我的翅膀是白色的，我的夜晚是紫色的，我的白天是黑色的，我的童年是灰色的，我的故乡是绿色的，我的迷茫是黄色的，我的惧怕是红色的，我的绝望是黑色的，我的希望是白色的，我的爱人是红色的，我的孤独是蓝色的。"

从这首歌里，我们可以看到他的情绪都是用色彩来形容的。为什么他要在写歌词的时候用蓝色形容忧伤，黄色形容迷茫，红色形容惧怕，黑色形容绝望呢？情绪与颜色之间究竟有什么样的关联呢？

心理学家根据多年的研究发现：颜色真的会影响一个人的情绪，比如红的火、绿的草、蓝的天、白的云等，这些不同的颜色会

通过视觉传递不同的感觉。具体来说，就是人们一看到某个颜色，就会不由自主地联想起与该颜色相关的自然物，以及自然物给自己带来的感受和体验。当然，也正是因为这个原因，才会导致我们在面对不同的颜色时，脑电波会产生不同的反应，而人的情绪状态和生活质量也会跟着颜色的变化发生转变。

在伦敦的郊区外，有一座名叫布莱克弗赖尔的大桥，这座桥每年都会发生很多跳水自杀的事件。英国医学专家普里森博士经过研究发现，这里自杀人数居高不下竟然与桥身的颜色有关。因为这座桥是黑色的，而黑色给人一种阴沉压抑的感觉，来到这里的厌世者看到这么压抑的颜色更加坚定了轻生的念头。

在专家的建议下，英国政府把桥的颜色换成了充满希望的蓝色，结果这座桥上的自杀事件骤然降低。由此可见，色彩对人的情绪影响非常之大。下面，我们一起来了解一下，不同的颜色对情绪分别会有什么样的影响。

第一，红色。

红色是火焰的颜色，它具有强烈的视觉冲击力，会刺激人的兴奋神经系统，增加肾上腺素分泌和增强血液循环。这种颜色代表着旺盛的生命力，也代表着积极、热情、奔放的态度。

如果你的情绪近来比较低沉压抑或者悲观失落，那么不妨看

情绪自控力

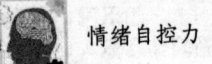

看红色，它可以帮助你改变心情，改善情绪。不过大家需要注意的是，红色属于一种刺激性较强的颜色，不宜长久注视，否则会影响你的视力，让你感觉头晕目眩。另外，长久处在红色的环境中，人的情绪容易烦躁，所以大家在情绪调节的时候要注意把握好分寸。

第二，绿色。

绿色是树木和小草的颜色。这种颜色有一种很重要的功能就是舒缓人们疲劳的脑神经和视神经。绿色给人一种和平、年轻、新鲜的感觉，因此它象征着生机勃勃的新生命。

当你身处紧张的氛围当中，不妨多看看远处的绿树，近旁的绿植，这种颜色可以帮助你有效缓解紧张的情绪，同时削弱你身上的疲惫感。当然，正是因为它有这样的功效，所以很多上班族都选择用绿色的植物作为桌面的壁纸或者电脑屏保。

当然，长时间处在绿色的环境中也并非一件好事。据科学实验研究表明：过多地盯着这种颜色会影响人们胃液的分泌，会让你的食欲减退。

第三，黄色。

黄色是一种很提神的颜色，它给人一种快乐、活泼、希望、光明的感觉。很多公司在自己的办公区域装扮上黄色的物件，以此来缓解人们工作的苦闷感，甚至可以帮助你快速激发体内的能量。如果你对自己的工作和学习提不起兴趣时，不妨多看看黄色，在它的助力下，你学习的兴致会得到一定程度的提升，低落的情绪也会一扫而空。

第四，蓝色。

蓝色是天空和海洋的颜色。它可以调和你的肌肉，影响你的视觉、听觉和嗅觉。这种内敛的颜色具有调节神经、镇静安神的作用。所以，很多人在装修的时候喜欢把房间布置成蓝色的，这样有助于缓解压力，更有助于快速入眠。如果你感觉内心愤怒烦躁或者紧张疲惫，也可以把自己置身蓝色环境之中，这种富有安全感的颜色会帮助你快速平复情绪。

英国苏塞克斯大学的研究人员发现，受试者置身蓝色灯光下完成测试的速度比在其他颜色的灯光下要快25%。也就是说蓝色可以更好地提升人们的思维能力。如果你近期感觉压力山大，挫败感十足，情绪低沉，不妨让自己沉浸在蓝色的环境里，也许蓝色可以帮助你用敏捷的思维快速解决眼前的困局。

第五，白色。

白色是云朵的颜色。它具有清热、镇静、安定的效果。对于情绪烦躁的人来讲，身处白色环境之中是一种不错的选择，因为白色可以让人平静情绪，平和心态。比如医院里的医生的大褂和床单设计成白色，就可以很好地让患者放松心情。

但从色彩意象层面来讲，白色，尤其是纯白色给人一种寒冷、严峻的感觉，同时也代表着对死亡的恐惧和哀悼。因此，白色的环境不适宜孤独症和精神抑郁的患者久居。

第六，黑色。

黑色具有严肃、含蓄、庄重的意味，它对激动、烦躁、惊恐的人具有一定的帮助。同时，黑色代表着黑暗、死亡、不安、神秘、冷漠、压抑等负面信息。当你情绪低落的时候，最好不要置身于黑色或者昏暗的环境之中，因为它会加重你内心郁结的情绪。

以上就是几种常见的颜色对情绪的不同影响。当然，这样的色彩理论也不一定具有普遍性，因为每个人的年龄、性格、经历、民族、地区、环境、文化、修养等各不相同，即使身处同样的色彩环境中，不同的人总会有不同的心理感受和情绪变化。所以，大家在利用颜色调节负面情绪时要灵活一点，不要照本宣科。

马骊给你划重点：

不同的色彩环境，对人心理和身体的影响也是不一样的，大家在使用的时候要紧密结合自身情况，切不可盲目乱用，否则会让治疗效果大打折扣。

用艺术浸泡法摆脱自己糟糕的情绪

在如今这个竞争激烈的现代社会,人们已经被困在"快节奏"里难以脱身,而这种快节奏、高压力的生活模式势必会导致一系列的"情绪病"。一位名叫汪云的年轻主持人在网上发表的一段内心独白中,她这样描述自己的情绪病:

"自己做什么事情都提不起精神来,从头到脚都没有力气,觉得自己的生活没有任何目标,有的时候我会在开着车等红灯的时候问自己,我这样工作究竟是为了干什么,我的生活能够得到改善吗?我今后能怎么样?……我越想越焦虑。

"到第二天的时候,我感觉自己陷入了一个死胡同里,不想工作。到晚上 11:00 还毫无睡意,只能独自坐在那里想事情,回顾一整天的工作,然后止不住地放声大哭,有的时候哭一两个小时才能停下来。或者,别人对我讲了一句话,影响到我的心情,我也会坐在那里哭，这种情绪大概持续了几个月的时间才有所好转。"

从她的描述我们可以看到：情绪病的杀伤力极大。威慑力小一点的负面情绪会让你胸闷、心跳、烦躁不安、没食欲、失眠、头痛、抵抗力下降、疲惫，生活质量直线下降；而威慑力大一点的负面情绪可能会直接夺去一个人的生命。

在日常生活中，如果你被悲伤、痛苦、焦虑、恐惧等负面情绪困扰，一定不要轻视它，而应该采取积极的措施科学干预。干预的方法有很多种，下面我们主要介绍几种和艺术相关的疗愈方法。

第一，音乐。

众所周知，音乐是一种用来表达人们思想情感的艺术形式。优质的音乐不仅可以增强大脑皮层的兴奋性，激发人的创作灵感，更可以帮助我们缓解压力，消散苦闷，愉悦身心，所以从某个角度来讲，聆听音乐就是给我们的心灵做一次SPA。

按照中医的理论，宫、商、角、徵、羽五种民族调式音乐的特性，与五脏五行有密切关系，而五脏五行又与人的情绪息息相关，所以在调节悲伤、暴躁、愤怒等负面情绪时，我们可以根据不同音乐的调式和风格做一个针对性的选择。

当我们的情绪焦躁不安时，可以选择羽调音乐。比如《二泉映月》《梁祝》《汉宫秋月》《船歌》《平沙落雁》《月光奏明曲》。这类

音乐听起来柔婉清凉，能引导人的心神趋向宁静。

当我们的情绪消沉沮丧的时候，可以选择徵调音乐，比如《步步高》《卡门序曲》《喜相逢》《金色狂舞曲》等，这种音乐旋律欢快，传递着激昂、欢乐的气氛，可以给人一种奋进向上的力量。

当我们的情绪处于愤怒的状态时，可以选择角调音乐。比如《蓝色多瑙河》《江南好》《春之声圆舞曲》等，这类音乐听起来舒展、悠扬、深远，疏肝理气，可以有效缓解你的愤怒。

当我们的情绪处于悲伤的状态时，可以选择商调音乐。比如《黄河》《第三交响曲》《嘎达梅林》《悲怆》《将军令》等，这类音乐有宁心净脑的功效，可以帮助你排解掉内心的悲痛。

音乐疗法并不是普通的音乐欣赏，选择合适的音乐对你负面情绪的调节有至关重要的作用。选完之后，我们可以把音量调整在70分贝以下，然后选择一处安静之所静静聆听。听完之后，你的心境一定会变得有所不同。

当然，音乐疗法并不仅仅局限于聆听，如果你有表达情感的需求，还可以敞开嗓子唱一段，或者通过想象或联想创作音乐，在你演唱和创作的过程中，负面情绪就通过这些方式宣泄出来了。

第二，绘画。

绘画是一种运用手工的方式进行临摹的艺术形态。通过手里的

一只画笔，就可以把自己的心理需要、心理问题，以及性格倾向投射到纸张上来。图画治疗专家严文华博士说过，一幅图画就意味着一个故事，一段心灵的成长。

如果你是一个饱受负面情绪困扰的人，不妨通过画画的方式将你内心的不良情绪发泄出来，有了发泄和疏通，你的内心就不会像原来那样痛苦了。

美国著名的演员兼画家 Jim Carrey 曾经患上过很严重的抑郁症，当时，他决定用画笔疗愈自己。在作画的过程中，他把内心的世界用颜色和线条表现出来。他说："我现在做的事是服务于我的潜意识，同时也希望能引起有些人的共鸣。我不知道画画教了我什么，只知道它释放了我，将我从未来、过去、遗憾和烦恼中解脱出来。"后来，他的抑郁症果真得到了很大的改善。

第三，书法。

书法是一种展现文字美的艺术表现形式，也是寄托情感的一种重要载体。研习书法可以帮助我们释放情绪，调整心态，就像古人所说："狂喜之时，习书能凝神静气，精神集中；暴怒之时，能抑制肝火，心平气和；忧悲之时，能散胸中之郁，精神愉悦；过思之时，能转移情绪，抒发情感；惊恐之时，能神态安稳，宁神定志。"

为了更好地达到缓解负面情绪的目的，我们在练习书法的时候一定要让精神高度集中，同时手眼心密切配合。这样在高度专注的书写过程中，我们就会不自觉地忘掉悲伤、烦恼、紧张等不良情绪。

当然，艺术的门类很多，范围很广，所以艺术疗愈负面情绪的方式包含了很多种，以上提到的音乐、绘画、书法是常见的三种。如果你有兴趣的话，还可以通过弹奏乐器、雕刻、观赏戏剧和影视等方式来净化心灵，疏导不良情绪。

马骊给你划重点：

1. 艺术浸泡法是摆脱糟糕情绪的有效方法，利用这种方法可以净化我们的心灵，抚平我们的内心，疏导我们的不良情绪。

2. 艺术疗愈负面情绪的方式有很多，其中包括音乐、绘画、书法、弹奏乐器、雕刻、观赏戏剧和影视等。具体采用哪种，大家可以根据自己的兴趣和特长自行选择。

转移注意力法：提高情绪调节能力的大秘籍

注意力转移法。在日常生活中，当我们处在情绪的低谷时，可适当地转移一下自己的注意力，具体来说，就是把注意力从引起不良情绪反应的刺激情境，转移到其他事物上去，这样我们的负面情绪就能得到有效的缓解。这种方法不仅适用于孩子，也适用于成年人。

下面，我们介绍几个利用转移注意力调节情绪的实用技巧：

第一，目标转移法。

我们长时间坐在办公室写文案，写了大半天，内容仍然得不到领导的认可。于是，我们就会不由自主地怀疑自己的能力，也会因为写不出满意的成品而感到心烦气躁，有的人甚至还会怨恨领导要求严苛。这个时候，我们就会被种种负面情绪裹挟着，更加没有写作的灵感。

面对这样的情况，我们不妨把目标转移一下，把自己的注意力从原来的文案转移到自己喜欢做的事情上，比如听一首欢快的歌曲，看看热门的综艺节目，出门打打球或者找朋友聊聊天等。总而言之，我们做事的目标转移了，原来一系列不良的情绪也随之被削弱了。

第二，心理暗示法。

当我们不高兴的时候，可以通过心理暗示的方法让自己的心态变得积极起来。心态积极了，原来郁结在心中的苦闷情绪也会一扫而空。

在古希腊有一个叫斯巴达的人，每次和别人发生争执，他都会跑回自己的家里，绕着自己的房子和土地跑三圈。随着时间的推移，斯巴达凭借着自己勤劳努力的双手一步步变得富有起来，他的房子越盖越大，土地越扩越广。但是他仍然没有改掉绕房跑步的习惯。有一次，他又和别人吵了一架，心里生着闷气，于是照旧绕着房子和土地跑了三圈。

跑完之后，他大汗淋漓，累得气喘吁吁的。他的孙子很不解地问道："爷爷，你为什么生气的时候总喜欢绕着房子和土地跑啊？"

斯巴达听到孙子诚恳地发问，于是说出了隐藏在心中多年的秘密："我年轻的时候和别人吵架生气，总喜欢绕着自己的房子和土地

跑三圈。我边跑边想：自己的房子这么小，土地这么少，哪里有资格跟人家生气啊？这么想想，爷爷就不生气了，然后就有更多的时间和精力去干活了。"

孙子听到这儿，疑惑地问道："爷爷你现在足够富有了，为什么还要在生气的时候绕着房子跑步呢？"

斯巴达笑着答道："虽然我变得富有了，但还是会忍不住和别人争吵生气，每当这时我依旧会绕着房子和土地跑步，我边跑边想：我的房子已经很大了，土地也已经够多了，我还有什么不满足的呢？又何必跟别人斤斤计较呢？想到这里，我就不生气了。"

上面故事中的斯巴达就很好地利用心理暗示的方法转移了自己的注意力，从而也成功地消除了自己的愤怒情绪。他的做法非常值得我们学习借鉴。

第三，转移环境。

为什么换个环境，人的负面情绪就会有所转变呢？首先，当人投入一个新环境中时，他的注意力都会集中在新事物上，自然就会忘掉之前的悲伤。

其次，当我们从一个环境转换到另外一个环境中时，就意味着我们已经从痛苦的环境中暂时抽离出来，而这种抽离会让你减少对

不堪往事的回忆，因此你的心情就会慢慢变好。

打个比方：两个相爱的人在一起走过七八个年头之后突然分手，如果一方依旧在二人共同约会过的电影院、公园、房子、林间小道等地方重温旧情的话，那么其内心悲痛的情绪会久久得不到缓解。反之，如果他或者她能勇敢地搬离原来生活的地方，找一个新的环境生活，那么新环境的一切都会让这个人应接不暇，从而没有时间和精力来顾及悲伤。

环境只是一个外在的因素，虽然转换环境对缓解不良情绪有一定的帮助，但我们还是要学会自我疏导和自我调节，并不能过于依赖环境的转变。

第四，比较式转移。

以前听过一句富含哲理的话："幸福是个比较级，要有东西垫底才能感觉得到。"一个人需要懂得知足常乐，当你不开心的时候，想一想这个世界上还有比你更难的人，这样一来，你就会觉得处于现状的自己其实已经很幸福了。

所以，消除负面情绪，只需要我们眼睛向下看，以高比低，内心就会得到平衡。举例来说，有人因为一个小小的失误被单位领导批评了几句，内心就异常委屈难过。但如果和那些从小父母离异、身患残疾，没有自理能力遭遇不幸的人相比，是不是好太多了呢！

这种比较式的方法可以帮助你快速实现心理的平衡，而你的心理一旦平衡了，负面情绪也会很快被转移掉，取而代之的就是内心的平和和满足。

第五，反向转移。

一天，有一位老干部利用假期骑着摩托车外出散心，本来一路上高高兴兴的，谁料摩托车骑了200多里后，突然就坏掉了，老干部被困在这个前不着村后不着店的地方，很是恼火。但即便是生气也是无济于事，他只能推着摩托车找修理铺。等车子修好之后，天已经黑了。

这一天他不仅没有像预想的那样出去兜风，反而搭进去几百块的修车钱，想到这里，他感到非常恼火，情绪也坏到了极点。不过，他又转念一想：虽然车子坏掉了，但是好在人骑着没出什么事故。这就是一件很幸运的事情了。他心里这样想着，心情也变得好了起来。

人在情绪消沉的时候，可以采用反向思考的方式加以调节，具体来说，就是把事情往好的方向想，这样就能成功把我们的注意力从坏情绪当中转移出来。

转移注意力是情绪调节的一个有效方法。如果你在生活中也有被负面情绪困扰的痛苦体验，那么不妨试试上面提到的这几种方法，它们可以帮助你有效地从负面情绪中走出来，重新回归到心情愉悦的状态。

马骊给你划重点：

1. 转移注意力是情绪调节的一个有效方法。如果我们能通过各种方式把自己的注意力，转移到其他事物上去，我们的负面情绪就能得到有效缓解。

2. 我们在利用转移注意力的方法调节情绪时，可以参考这几个实用的技巧：目标转移法、心理暗示法、转移环境法、比较式转移法、反向转移法。这些方法都可以有效帮助我们走出负面情绪的困扰。

六种情绪宣泄法，为你的心灵排一排毒

在日常生活中，经常有这样一类人，当你委屈难过的时候，他们总以各种各样的理由劝你要忍着、让着，还美其名曰"为你好。""成年人的世界，没有谁是容易的。""成年人没有痛哭的权利。""成年人的崩溃，是要藏起来的。"这些话是他们常用的说辞。

其实，在人生低谷的时刻，我们需要的是一场畅快淋漓的嚎啕大哭，而不是一句呐喊助威式的口号——"你要勇敢，你要加油"。真正为你好的人，都会鼓励你把情绪宣泄出来，因为他们知道压抑着这些负面情绪对身体会有很大的伤害。

在很早以前，美国明尼苏达州的生化学家佛瑞曾经做过一个实验：他邀请一批志愿者观看一部特别感人的电影，电影播放完毕之后，很多人都感动地哭了起来，这时这位生化学家趁机把志愿者流

下来的眼泪收集了起来。

又过了几日，佛瑞第二次过来收集这群人的眼泪，只不过这次是被佛瑞拿出来的洋葱呛哭的。

有意思的是，经过对两次眼泪的对比分析，佛瑞发现：第一次收集到的眼泪比第二次收集到的眼泪多了一种成分：儿茶酚胺。这不是一种普通的物质，它对人体的心脑血管有着严重的伤害。

这个实验告诉我们：假使你在负面情绪到来之际，强行压制住自己的眼泪，那么这种有害物质便无法排出去，而是直接进入你的体内，从而影响着你的身体健康。作为一个成年人，虽然我们已经不再是那个脆弱的孩子，但是当内心承载着无法负荷的不良情绪时，我们还是得及时宣泄出来，这样才有益于我们的身心健康。

下面，我们介绍几种情绪宣泄的方法，大家不妨参考一下：

第一，找人倾诉。

倾诉是宣泄负面情绪的一剂良方。著名的心理学家弗洛伊德在临床治疗时，通过让患者倾吐内心隐私的方法，成功帮其医治好内心的创伤，恢复了积极的情绪。如果你最近工作压力巨大，情绪异常低沉，不妨跟你的亲朋好友说一说，一来可以适当地宣泄你内心的苦闷，二来还可以让他们提一些有利于问题解决的建议。

第二，大哭。

大哭是宣泄痛苦的一种方式，通过哭可以让一些毒素随着眼泪一起排泄出去，烦躁不安的情绪也会随着哭泣的进行而得到有效缓解。当你擦干眼泪的那一刻，你就会突然发现自己的心情开朗了不少。

第三，运动。

运动是宣泄情绪的一种绝佳途径，通过运动我们可以将一些不良情绪通过汗水一起排放出去。不过大家在动之前要根据自身的身体情况选择合适的运动方式，比如悲伤的时候选择一些娱乐性比较强的运动项目；紧张的时候，选择骑车、游泳等一类的运动，调节身心。

第四，呐喊。

我们在影视剧里经常看到这样的情景：某个小年轻因为一些误会和自己的女朋友闹掰了，这时心情郁闷的他通常会爬到山顶，或面朝大海，奋力叫喊。在喊的过程中，呼出闷气、泄出怨气，从而获得内心的安宁。

第五，吃东西。

生活中，有很大一部分人在工作压力大、心情差的时候，靠吃东西来缓解自己的不良情绪。这种情绪性进食并不是为了填饱肚子，而是为了在此过程中获得一份满足感。这样的方式虽然能在一定程度上缓解你的负面情绪，但是大家在用的时候一定要把握好分寸，当心过度饮食会给你的身体健康带来二次伤害。

第六，写日记。

美国通用汽车公司管理顾问查尔斯·吉德林提出一个法则：把难题清清楚楚地写出来，便已经解决了一半。同样的道理，当不良情绪来袭时，我们要是能把这些不好的感受毫无顾忌地写出来，那么烦恼便会消散大半。

以上便是情绪宣泄的六种方式，通过这些方式可以有效地将你从坏情绪当中剥离出来。需要注意的是，大家在通过这些方式宣泄的时候要注意选择合适的时间、地点、场合，以免因为自己的不当行为影响到他人正常的生活。另外，宣泄情绪也要找对合适的宣泄对象，否则会让你增加新的烦恼。

马骊给你划重点：

1. 情绪宣泄是缓解负面情绪的一个良方。在日常生活中，我们可以通过找人倾诉、大哭、运动、呐喊、吃东西、写日记等方式排解内心的不快。

2. 我们在进行情绪宣泄时要谨慎选择宣泄的对象，否则很容易受到情感的二次伤害；另外，合适的宣泄时间、地点、场合也是我们重点考虑的内容，否则不当的行为会影响到他人正常的生活。

暴露疗法，让你对恐惧脱敏

美国短篇小说大师艾萨克·巴什维斯·辛格于 1978 年获得诺贝尔文学奖。好消息一出，各个媒体的记者都纷至沓来，对他进行了详细的采访。

"获得这次诺贝尔文学奖，你感到意外吗？开心吗？"有一个记者问道。

"那是自然，能获得这个奖项我是又惊又喜。"

不一会儿，另一个记者抛出了和前面那个记者一模一样的问题。这时，艾萨克·巴什维斯·辛格回答问题的兴致就下降了，他有点闷闷不乐地反问记者："你觉得一个人的意外和开心能够维持多长时间呢？"

从艾萨克·巴什维斯·辛格的答案中，我们可以看出：一个人的神经系统在经过反复的刺激之后，兴奋程度也变得越来越低。基于这一原理，人们针对恐惧情绪发明了一种暴露疗法。

暴露疗法，顾名思义，就是将陷入恐惧的人暴露在引起恐惧的刺激之下，直到习惯这种恐惧的感觉。这个心理疗法听起来虽然有点不人道，但其实它只是去敏感化的一个过程。

比如，一个人特别害怕在年会的时候上台讲话，因为他担心自己一旦说不好，会给周围的同事留下不好的印象，人们也会因为他表现不好而看不起他。正是因为有了这样的认知，所以他就对上台讲话这件事情变得非常敏感，而越敏感就越想逃避，越逃避越会让你的神经系统失去适应的机会。更为糟糕的是，如果你战胜不了恐惧感，一次次地退缩，你的内心会升腾起巨大的挫败感，而这种挫败感又会反过来加剧你恐惧的情绪。

所以，为了避免让自己陷入这样的恶性循环，我们从一开始就应该让自己彻底暴露在恐惧情景之下，换句话说，即便你害怕在公众场合发言，你也要硬着头皮走上去。上台之后，你可能因为紧张大脑一片空白，手脚不停地颤抖，也有可能心跳加速、呼吸困难、面色发白、头冒虚汗等。

不过，你要明白，这样的不适感在最初的时候会比较明显，随着你在恐怖场景中暴露的时间不断加长，你的不适感也会慢慢消失，因为你已经习惯了恐惧情绪。

这种暴露疗法是目前绝佳的一种治疗恐惧情绪的心理技术，该技术可以帮助我们打破恐惧和回避的循环，从而在根本上对恐惧情绪脱敏。大家在使用这种方法治疗恐惧的时候需要注意以下几个问题：

第一，根据自己的身体状况制定相应的暴露治疗计划。

暴露治疗法可以分为两类：一类是缓慢暴露法；另一类是快速暴露法。对于一些有心肺疾病的人来说，不适合用快速暴露法，因为快速暴露会激发一些剧烈的心理和生理的不适感，而这些不适感会加重心脏的负担。出于对个人健康的考虑，在实施这个暴露疗法之前一定要有计划性和针对性。

第二，事前充分做好心理准备。

暴露疗法在进行的过程中会让人产生一些非常不好的情感体验和生理反应，比如心跳加速、颤抖、呼吸不适、冒冷汗等，这些不适感会让人本能地产生逃离的想法。但是为了能有效消除恐惧，逃离是不被允许的，因为你一旦离开这个场景，治疗就宣告失败，今后你依旧会被这种恐惧的情绪所折磨。

所以，为了暴露疗法能够顺利进行下去，我们在事前应该充分了解暴露疗法的原理和方法，好好配合心理专家治疗，这样才能真正根除恐惧情绪的困扰。

第三，把握好暴露治疗的间隔时间。

通常来说，暴露治疗不是一个闪电战，它需要分多个阶段完成，而且每个阶段间隔的时间越短，治疗的效果越好。假如你治疗时间间隔得太久，之前的效果就冲淡了，就无法得到有效的巩固。

为了取得理想的治疗效果，我们最好每天花一两个小时不断练习，每周多练几次，练习得多了，以后碰到相似的场景就不会再害怕了。

第四，暴露疗法要循序渐进。

利用暴露疗法治愈恐惧情绪要遵守先易后难、循序渐进的原则，不能一上来就设定一个难度等级最高的场景让病人体验，这样他承受不住。我们只有把病人的恐惧程度进行分级，然后按照先易后难的顺序让他逐层体验，他才会更好地适应这个治疗的过程。

以上就是与暴露疗法相关的几点注意事项，如果使用得当，这种方法对社交恐惧症、幽暗恐惧症等都有很不错的效果。

马骊给你划重点：

暴露疗法是目前一种治疗恐惧情绪的绝佳心理技术，它可以帮助我们打破恐惧和回避的循环，从而在根本上对恐惧情绪脱敏。

后记

经过半年时间的酝酿与写作,这本书终于完成了。当然了,如果说读完一本书能改变一个人的性格,扭转一个人的情绪,那是大话。但有些实用的书籍确实能影响一个人的价值判断,提升其现有的认知水平,改变其传统的思维模式,开拓其眼界格局,改变其对生活的态度。就像人们常说的,读书不一定能给你黄金屋、颜如玉,但读过的书终将融入你的骨血,长成你的涵养、气质、眼界和品位。

而这些精神层面的改变和提升势必会影响你对某个事物的判断和看法,也会改变你对这个事件的情绪情感。另外,认知策略的改变也会帮助你更好地消化消极情绪,激发积极情绪,从而以一种更为健康、乐观的心态投入工作和生活当中。

因此,我建议大家在闲暇之余多读书,读好书。当你真正领悟和吸收了情绪书籍中的精华内容，你就会惊喜地发现自己具备了驾驭情绪的基本能力，在人际交往方面的障碍也越来越少，且更加有自信和底气去编织美好的未来。

感谢为我提供帮助的同事和朋友们。感恩每一个对我默默付出与追随的人，是你们的帮助，让这本书顺利问世。感恩每一位读者以及传递分享这本书的每一位爱书人！